超音速汽液两相流升压装置性能研究及其优化

李文军◎著

中国石化出版社

内 容 提 要

超音速汽液两相流升压装置是一种无须外界动力输入的升压设备，无转动部件，安全可靠性高。本书对超音速汽液两相流升压装置的整体性能及装置内超音速蒸汽与过冷水直接接触凝结过程进行了实验研究、数值模拟和理论分析，并对装置的结构参数进行了优化，对分析超音速汽液两相流升压机理、装置的优化设计及经济运行具有重要意义。

本书可作为能源、动力、核能、化工、环保等相关领域研究人员的参考资料。

图书在版编目（CIP）数据

超音速汽液两相流升压装置性能研究及其优化／李文军著. — 北京：中国石化出版社，2022. 11
ISBN 978-7-5114-6813-0

Ⅰ.①超… Ⅱ.①李… Ⅲ.①超音速-二相流动-升压-装置-研究 Ⅳ.①TP214

中国版本图书馆 CIP 数据核字（2022）第 219002 号

中国石化出版社出版发行
地址:北京市东城区安定门外大街 58 号
邮编:100011　电话:(010)57512500
发行部电话:(010)57512575
http://www.sinopec-press.com
E-mail:press@sinopec.com
北京柏力行彩印有限公司印刷
全国各地新华书店经销
*
710×1000 毫米 16 开本 9.75 印张 176 千字
2022 年 11 月第 1 版　2022 年 11 月第 1 次印刷
定价:58.00 元

　　蒸汽的凝结是蒸汽在冷却或升压条件下放出潜热，在对应压力的饱和温度下形成液相的过程，特别是蒸汽浸没射流凝结现象，具有高效的混合和换热能力。喷射式汽液两相流升压装置是基于超音速两相流凝结激波给流体增压的设备，该设备无须外界动力，无转动部件，安全可靠性高，在能源动力、核工业、食品加工等领域具有广阔的应用前景。在"双碳"及"双控"背景下，研究出高效率、小体积、可靠性更好的超音速汽液两相流升压装置，能有效地提高能源使用效率，减少温室气体排放，具有良好的经济效益及社会效益。

　　本书对超音速汽液两相流升压装置进行了实验研究、数值模拟和理论分析，并从可用能的角度出发，对装置的结构参数进行了优化设计。本书共分为7章：第1章为绪论；第2章介绍了超音速汽液两相流升压装置实验系统和实验数据处理方法；第3章研究了环周进汽型超音速汽液两相流升压装置的引射性能和升压性能，应用两相流凝结理论对引射及升压机理进行解释说明；第4章从可用能及装置㶲收益的角度出发，对超音速汽液两相流升压装置进行了㶲分析，并将装置内㶲流及各部分㶲损失进行了可视化分析，同时，研究了汽液直接接触凝结过程中相间的质量、动量及能量传递规律，特别是相间可用能的传递规律，这是分析超音速汽液两相流升压机理的关键；第5章和第6章对超音速蒸汽在过冷水中的射流凝结过程进行了实验及CFD研究；第7章为结论和展望。

本书获"陕西工业职业技术学院引进高层次人才科研基金"和"自动化设备开发创新团队基金"资助，在此深表感谢！

由于作者水平有限，书中的错误和不妥之处在所难免，恳请广大读者批评指正。

目录 contents

1 绪 论

能源是人类社会存在及发展的物质基础，是世界经济发展和经济建设最重要的驱动力。我国是能源生产大国，同时也是消费大国，非可再生的化石能源占据了我国能源消费的绝对主导地位，在能源消费需求提升和环境问题日益严峻的双重压力下，调整能源结构，开发稳定可持续的清洁低碳能源成为我国经济社会转型发展的迫切需要。进入 21 世纪以来，随着城市化及工业化进程，我国能源消费总量已经达到全球第一。电能由于易传输、品位高等优势，是非常清洁的二次能源，在能源结构中占据主导地位。目前我国人均年用电量为 $4000kW \cdot h$，远低于美国 $13000kW \cdot h$ 的水平[1]。在国内大力推广"油改电""煤改电"的背景下，未来电力的需求会大幅提升。

核能是一种相对清洁的能源，能量密度高，没有温室气体和污染物排放，具有明显的环保效应。积极发展核电是解决经济发展与环境污染两者矛盾的重要举措，是保证国家能源安全稳定的重要手段。大力发展核电的同时必须确保核电站的安全运营。三里岛、切尔诺贝利及福岛核电事故，让人类付出了惨痛的代价，也极大地影响了全球核工业的发展进程。核电站在正常运营时，反应堆中产生的热量能够完全被循环回路中的工质带走，从而保证反应堆正常运行。当回路发生事故时(如回路小破口事故或失水事故)，反应堆中的热量不能被及时带走，这会导致堆芯熔化，严重时会出现反应堆爆炸事故，造成放射性物质泄漏。因此，设计有效的安全系统，确保安全壳内或回路中的蒸汽顺利排出成为核反应堆设计和建造的关键。例如，以蒸汽为动力，以喷射器为驱动的堆芯应急冷却系统。该系统的核心是超音速汽液两相流升压装置，作为非能动设备，无须转动部件，启动时间短，可以最大限度地确保核电机组的安全。

与传统化工设备不同，喷射器有着显著的优点。它是通过射流紊动扩散作用来传递质量、动量以及能量的混合反应设备和流体机械，一般包含喷嘴、混合腔和扩散段等部分。高压流体经喷嘴射出后将喷嘴出口附近的气体卷吸带走，形成一个真空环境，在压差作用下低压流体被吸入；两股流体在混合腔内进行质量、动量以及能量传递；扩散段进一步将流体的动能转化为压力能后将流体输送到用户。整个工作过程不需要运动部件，可靠性高；设计加工简单，便于推广；适用于多种工质，可在高温、高压、有毒等恶劣工况下运行。

根据喷射器内工作流体和引射流体的相位，可将其分为三类：相位相同的喷射器(气体喷射压缩器、引射器等)、相位不同且混合过程无相变的喷射器(气体输送喷射器、水-空气引射器、水力输送喷射器等)、混合过程中存在相变的喷射器(汽-水引射器、喷射加热器等)[2]。喷射式汽液两相流升压装置是基于超音速两相流凝结激波来给流体增压的设备。蒸汽的凝结是蒸汽受冷却或在升压条件下放出潜热，在对应压力的饱和温度下形成液相的过程，特别是蒸汽浸没射流凝结现象，具有高效的混合和换热能力。鉴于以上特点，喷射器在工业领域获得了广泛应用，例如能源动力、食品行业及核工业等，而且在节能减排领域更受到了极大的关注与重视，同时也得到了众多国内外学者的关注。

1.1　背景及意义

1.1.1　供热系统

热水和蒸汽是供热系统中的两大热载体。生产工艺和动力热负荷通常使用蒸汽作为热载体，即蒸汽供热系统；而生活和采暖热负荷通常使用热水作为热载体，即热水供热系统，其热水通过蒸汽加热热网水来获取。作为热水供热系统中的关键设备，蒸汽热网水换热器的性能决定着整个系统的性能[3]。

目前，热水供热系统采用的热网水加热器主要有面式加热器(板式换热器、管壳式换热器)和混合加热罐，与供热系统的连接方式如图1-1和图1-2所示。其中面式加热器水侧易结垢，严重时可能影响系统的正常运行。为确保热水供热系统正常运行，一般需要对热网水进行处理，因此增加了投资及运行成本。此外，面式加热器会产生疏水，如果不回收疏水，会导致蒸汽热量利用不充分及凝结水的损失，从而影响电厂的经济性；如果回收疏水，则增加系统的投资以及系统调节的复杂性。混合加热罐属于混合式加热器，蒸汽与热网回水在罐中进行直接接触换热。这种混合式加热器可解决结垢及凝结水回收问题，但加热罐一般为非承压设备，为确保热网管道中的压力，在进入加热罐之前，需对热网回水进行节流，使得热网循环水泵的功耗增加。此外，加热罐的水位控制、汽水直接接触凝结噪声及循环水泵汽蚀等问题对系统的运行都存在较大影响。总之，热水供热系统中这两种加热方式都需要循环水泵，而热网循环水量非常大，会消耗大量高品质的电能，增加运行成本。

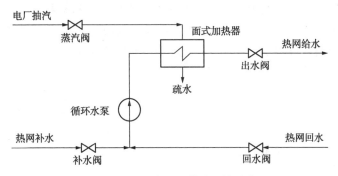

图 1-1 面式加热器的供热系统示意图

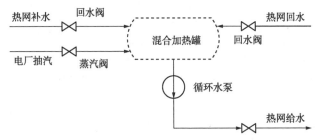

图 1-2 混合加热罐的供热系统示意图

超音速汽液两相流升压装置能同时具有升压和加热两种功能，无须外界输入动力，摒弃了机械运动部件，换热系数高达 $1MW \cdot m^{-2} \cdot ℃^{-1}$，且不受结垢及不凝结气体的影响，具有尺寸小、结构紧凑、启动迅速、节能高效、可靠性高等优点，因此，应用于供热系统中将具有独特的优势。图 1-3 为采用超音速汽液两相流升压装置的供热系统。热网回水及补水经进水阀进入超音速汽液两相流升压装置，电厂抽汽经过进汽阀也进入该装置，并对热网回水和补水进行加压、加热，最终高压热水经出水阀进入供热管网。同样的升压加热系统，也可用于电厂除盐水的加热[4-6]。超音速汽液两相流升压装置也可与混合加热罐配合使用，以满足供热系统性能的要求，如图 1-3 中虚线部分所示。

超音速汽液两相流升压装置将低品位蒸汽的可用能转换为机械能，并借助汽液直接接触凝结高效的换热能力，对热网回水进行加热、加压。而且装置具有足够的升压能力，在常规的热水供热系统运行条件下，其出口压力最高可达 1.0MPa，可满足供热系统压力及流量的要求。与采用传统混合加热罐、板式换热器及管壳式换热器的供热系统相比，超音速汽液两相流升压装置替代了传统供热系统中结构复杂并且体积庞大的换热设备及循环水泵，节省了电动循环水泵、热交换器、电动机及电气设备的投资、运行及维护成本。同时，超音速汽液两相流升压装置是一个长度约为1m 的三通管道，体积小，散热损失几乎为零，可以节省大量占地面积及厂房投资。另外，超音速汽液两相流升压装置无须转动部件，使用寿命长，节省了传统换热设备清洗、除垢的费用，具有很高的安全性和可靠性[7]。

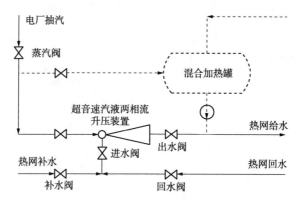

图1-3 采用超音速汽液两相流升压装置的供热系统示意图

1.1.2 食品工业

食品安全是食品工业中最核心的问题，随着经济的发展和物质条件的极大丰富，人们的消费意识也明显提升，对食品安全有了更严格的要求，同时也越来越追求食品品质。食品工业通常采用热力杀菌来控制食品安全，而普遍采用的超高温瞬时灭菌设备为各种形式的换热器，包括管壳式、板式及刮板式换热器等。板式换热器及管壳式换热器换热能力有限，为达到超高温瞬时灭菌效果，往往需要较大的换热面积，设备体积庞大，且仅适用于果肉含量低、流动性好的液体食品。刮板式换热器内的旋转器在加热面上旋转，食品物料在其带动下向前运动并被加热，以达到杀菌的目的。高黏度食品物料的加热灭菌可以采用刮板式换热器，但与管壳式及板式换热器相比，其结构较为复杂，制造维护成本高，清洗难度大，且容易发生故障。

对于黏度较高的物料来说，传统的加热灭菌设备很难达到理想的灭菌效果。食品物料在传统的热交换设备内速度及温度梯度较大，从而导致内部食品物料被加热到灭菌温度时，外部食品物料温度已经远超过灭菌温度的情况，对食品的品质(营养成分、风味)造成较大的影响。而且传统的加热灭菌设备，换热能力有限，物料往往需要经过较长的时间才能达到灭菌所需的温度，同样会造成物料原有风味的损失。汽液两相流喷射器凭借其高效的传热传质及混掺能力，可以快速且均匀地将物料加热至灭菌所需的温度，在确保灭菌效果的同时，最大限度地保留物料原有的风味。同时喷射器结构简单，通流能力强，非常适用于高黏度物料的加热灭菌。蒸汽喷射式加热灭菌装置如图 1-4 所示。纯净蒸汽从喷射器下方进入，与从左侧进入的高黏度食品物料在喷射器内掺混。蒸汽分子的尺度远小于细菌，能够渗入食品物料表面的细纹内；同时，与同温度的水相比，蒸汽可以携带更多的热量。因此，高温高压蒸汽与高黏度食品物料直接接触凝结换热，在确保灭菌效果的同时，最大限度地保留了物料中的营养及风味，是更加有效的超高温瞬时灭菌手段。而且，该设备体积小，结构简单，制造成本低，运行稳定可靠，广泛应用于高黏度物料瞬时高温灭菌[8,9]。

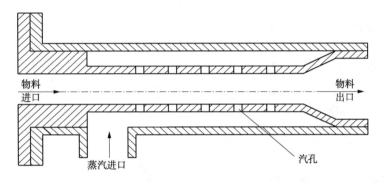

图 1-4　高黏度食品物料蒸汽喷射式加热灭菌装置示意图

　　由于蒸汽喷射式加热灭菌装置独特的优势，许多低黏度食品瞬时高温灭菌场合也广泛地采用了该装置，取代了结构复杂、体积庞大的间壁式换热设备。图 1-5 给出的是牛奶行业广泛采用的蒸汽喷射式加热灭菌装置示意图。利用高温高压蒸汽的引射加热作用，可以快速地将牛奶加热至灭菌所需要的温度；同时，由于其高效的混掺能力，牛奶内部温度场均匀性好，从而在确保灭菌效果的同时，最大限度地保留了牛奶的风味及其中的营养成分。

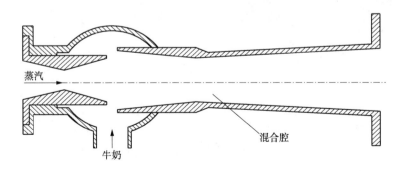

图 1-5　低黏度食品物料蒸汽喷射式加热灭菌装置示意图

1.1.3 核反应堆堆芯紧急冷却系统

三里岛、切尔诺贝利以及福岛事故使人类充分意识到，核电站潜在的危险在一定条件下可以变成巨大的灾难。因此核电站的首要问题是安全。在这三起事故的原因中，均存在机械部件或外部动力失效的情况，因此，非能动安全系统是未来核反应堆设计追求的原则之一。事故发生后非能动安全系统不需要人工干涉，避免了操作失误的问题；降低了电源或者机械故障导致系统失效的概率，使堆芯熔化的概率降低了 1~2 个数量级；减小能动设备，使得应急电源的需求减少，设备的在役检查及维护也相应减少，因此系统的经济性也有所提高[10]。

目前核反应堆主要分沸水堆和压水堆。传统的沸水堆示意图如图 1-6 所示。在沸水堆中，当发生小破口事故或失水事故时，主蒸汽管路被迅速隔离，安全壳内压力不断升高。为了及时排出反应堆热量，降低安全壳内压力，可以通过投入堆芯隔离冷却系统、高压安注系统、自动泄压系统以及低压安注系统等安全系统来冷却堆芯。

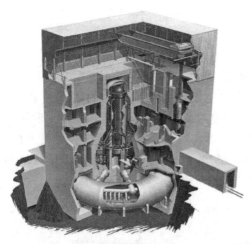
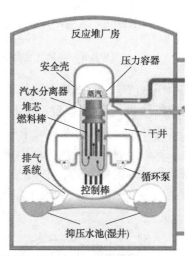

(a)沸水堆结构示意图　　　　　　　(b)沸水堆回路示意图

图 1-6　沸水堆示意图

堆芯隔离冷却系统是利用堆芯余热产生的蒸汽驱动蒸汽喷射泵，如图 1-6(a)所示；或者驱动小汽轮机带动泵向堆芯注入冷却水，汽轮机内做功后的蒸汽直接排入抑压水池进行直接接触凝结，如图 1-6(b)所示。高压安注系统可以作为堆芯隔离冷却系统的支撑系统。自动泄压系统则是当堆芯隔离冷却系统和高压安注系统不能维持安全壳内的压力时，通过打开安全壳与抑压水池之间的排气管道，将安全壳内的高压蒸汽通过排气系统直接喷射进入抑压池内的过冷水中，从而实现排热降压的目的。其中图1-7(a)所示的喷射器驱动堆芯冷却系统为非能动堆芯紧急冷却系统。当压力超过安全值时进气阀自动开启，蒸汽将补水箱中的冷水引射进入蒸汽喷射器并加压，最终加压后的冷水进入堆芯进行紧急冷却。该非能动式应急冷却系统仅需几秒便可响应，无须外部动力输入，且没有运动部件，完全满足安全要求[11-14]。

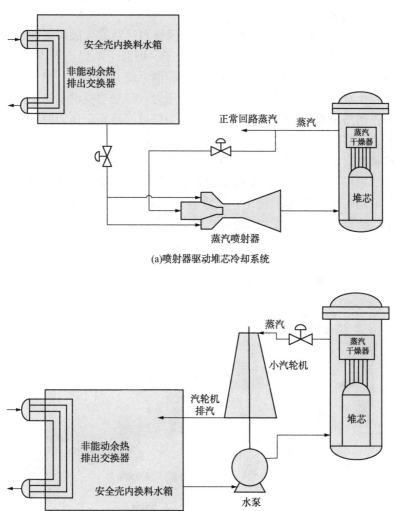

(a)喷射器驱动堆芯冷却系统

(b)汽轮机驱动注水泵堆芯应急冷却系统

图1-7 堆芯应急冷却系统

三里岛事故发生以后，美国本土核电站的工程全部停止。但是，随着经济的发展尤其是进入21世纪以后，其电力供应出现了巨大缺口，出现了一系列电荒事件。因此，美国政府改变计划，修理核电站，暂时缓解了缺电情况。2012 年，美国核管局(NRC)新批了 2 个核电站的 4 台机组，全是西屋公司第三代先进非能动核电技术(AP1000)。我国电力供应也存在巨大的缺口，经过一系列论证作出了第三代核反应堆技术的战略决策，从美国西屋公司引进了 AP1000 技术，并合作建设了四台先进非能动核电机组。因此，我国以 AP1000 为代表的第三代核电技术迅速发展起来。

图 1-8 为 AP1000 压水堆安全系统图。同样当回路发生破口事故或二回路主给水量减少时，循环一回路的压力升高，位于一回路上的稳压器内压力也升高。为了维持回路压力稳定，稳压器顶部的自动喷淋系统开始工作，稳压器内的蒸汽与喷淋水发生直接接触凝结，从而降低回路压力。但是当喷淋系统不足以维持回路压力时，回路压力会持续升高。当回路压力超过回路安全压力时，安全泄压阀将会打开，回路中产生的蒸汽通过鼓泡器排入卸压箱中。在卸压箱中，蒸汽与过冷水直接接触凝结，从而实现快速降压的目的。以 AP1000 为代表的新一代压水堆中，虽然采用了先进的非能动安全注水系统代替了传统沸水堆中的堆芯能动注水系统，但是在自动泄压系统中，汽液直接接触凝结依然起着重要的作用，因此，基于汽液两相流热工水力的研究必将引起学者的广泛关注[15]。

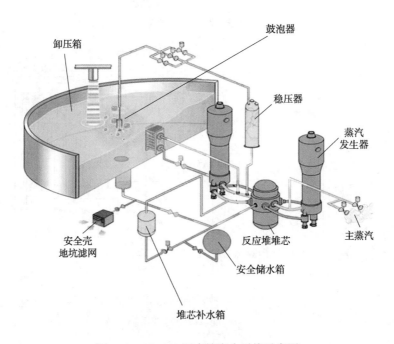

图 1-8　AP1000 压水堆安全系统示意图

1.1.4　低温乏汽回收系统

在支撑国民经济发展的电力、石油、化工及军工等行业中，热量损失和废汽的排放现象普遍存在，且承载的主体之一为蒸汽。而控制能源消耗，提高能源资源的综合利用效率，实现广义的节能减排，已经引起了国内外政府的高度重视，是能源发展的趋势。因此，要强化节能及高效率利用能源的政策导向；优化产业结构，降低高耗能产业比重；开发推广节能技术，从技术层面实现节能；加强能源全产业链的制度建设，并实施有效的监管，实现管理节能。其中，开展余热、余压利用属于重点节能工程之一。所谓余热指的是在工业企业生产过程中，由各种换能设备、用能设备和化学反应设备中产生而未被利用的热量资源。

据我国 27 个石油炼化企业的不完全统计，拥有可利用的余热资源为 $4.395 \times 10^{13} kJ \cdot a^{-1}$，折合为 $150 \times 10^4 t$ 标准煤，其中废蒸汽和冷凝水的余热占 47%[16]。若对这部分热量加以回收利用，则可节约大量的能源，减少环境污染，具有良好的节能减排效果，同时提高企业的经济效益。余热资源按其温度范围分：温度高于 500℃ 定为高温余热；温度在 250~500℃ 之间定为中温余热；温度低于 250℃ 定为低温余热。其中高温余热和中温余热热量品位高，可以用余热锅炉回收利用或者用来预热空气，从而减少燃料的消耗。但是低温余热对应的低温乏汽，由于热量品位低，将其用于发电时热功转换效率低，若用热泵提升品位则需要消耗大量的高品位能量，所以低温余热很难被直接利用。目前工业生产过程中产生大量的低温乏汽，而低于 0.05MPa 的乏汽量占 70% 以上，由于很难直接被利用，因此，这部分乏汽直接排入空气，造成大量的能源、水资源浪费以及环境污染[17,18]。

工业场合中许多被加热的流体温度经常低于乏汽的温度，利用乏汽去加热这些流体是余热利用的一种途径。但低温乏汽的品位很低，且通常含有不凝结气体，而被加热的流体中往往会有可溶固体和不可溶颗粒，不太适合采用常规的面式换热器进行回收。对于除氧器乏汽回收装置，以往通常采用换热器加热除盐水或者塔式喷淋的方式，但这两种方式不仅无法回收低位热能和冷凝水，甚至会影响除氧器的除氧效果，所以目前广泛采用的是 KLAR 除氧器乏汽回收技术。但是针对乏汽回收的研究仍然很欠缺。因此，国家高技术研究发展计划 863 先进能源技术领域在 2006 年对"工业生产过程低温乏汽回收利用关键技术研究"课题进行了立项研究。在该课题的支持下，西安交通大学对一种新型的低温乏汽回收利用装置进行了研究。该装置是基于超音速汽液两相流升压加热机理，其结构如图 1-9 所示。

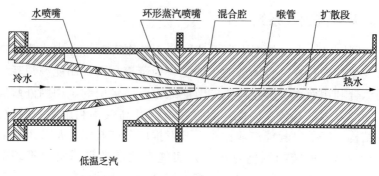

图1-9　低温乏汽回收利用装置结构示意图

基于汽液两相流喷射器的低温乏汽回收利用装置主要包括水喷嘴、环形蒸汽喷嘴、混合腔、喉管和扩散段几个部分。其原理是利用高速水流的引射卷吸作用在水喷嘴出口形成一个负压区，在压差的作用下将低压乏汽吸入，在混合腔内与冷水进行掺混成为两相流体，发生直接接触凝结换热。随着汽水之间质量、能量和动量交换，最终蒸汽全部凝结，而且在一定条件下可以回收乏汽的部分可用能并将其转化为水的机械能从而形成高温高压的热水，实现了乏汽的回收并且利用乏汽加热加压冷水的目的。该装置与传统的换热器相比具有结构简单、无泄漏、无转动部件等优点，安全可靠性更高，可广泛地应用于电力、石化、印染等工业领域的乏汽回收，是节能减排的有效工具[18-20]。在此理论指导下，西安交通大学自行设计搭建了低温乏汽回收装置实验系统，系统地分析了蒸汽、过冷水参数及喷射器结构对装置的乏汽回收率、加热性能、流动特性和阻力特性的影响规律，并且采用㶲分析对装置的性能进行了评价。同时采用控制容积的方法并通过合理的简化，建立了预测装置性能的计算模型，为该类型的乏汽回收利用装置在工业场合中的应用提供了可靠的实验支持和理论依据[17,21-23]。

1.2　超音速汽液两相流升压装置结构型式

超音速汽液两相流升压装置包括水喷嘴、蒸汽喷嘴、混合腔和扩散段四个部分。根据水喷嘴及蒸汽喷嘴的相对空间位置，该装置可以分为两种结构型式：中心进水-环周进汽型和中心进汽-环周进水型，如图1-10所示。

水喷嘴采用的是渐缩形喷嘴，将水的压力能转化为动能，利用高速水流的卷吸作用在水喷嘴出口形成一个负压区，使蒸汽在蒸汽喷嘴中可以充分地膨胀加速并顺利进入混合腔。蒸汽喷嘴采用的是拉法尔喷嘴，蒸汽在喷嘴内的膨胀过程近似为等熵过程。蒸汽喷嘴的背压为高速水射流形成的负压，因此可以保证设备正

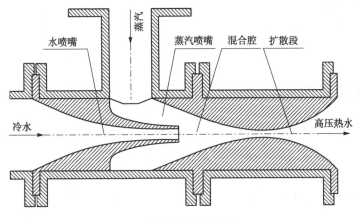

(a)中心进水–环周进汽型

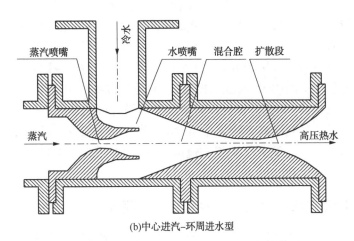

(b)中心进汽–环周进水型

图1-10 超音速汽液两相流升压装置结构简图

常运行时蒸汽喷嘴出口的流动为超音速流动。混合腔是一个渐缩形的通道，蒸汽和冷水在此相遇。在两相间温度差、压力差和速度差的作用下，超音速蒸汽和高速冷水发生质量、动量以及能量的交换，发生强烈的掺混，之后形成均匀的超音速汽液两相流。增加装置的背压可以引起扰动，压缩波会通过扩散段向上游传播，在扰动的作用下混合腔的喉部或者稍微往后位置的蒸汽会处于过冷状态，从而迅速凝结产生凝结激波。激波过后蒸汽几乎全部凝结，液相的通流面积迅速增加，速度降低以维持流动的连续性，最终其动能转化为压力能。而混合腔内两相流处于超音速状态，此扰动不会继续向上游传播，不会影响蒸汽喷嘴及水喷嘴的工作状态，装置的流量仍保持恒定。同时，随着装置背压的增加，凝结激波的位置会继续向上游移动。扩散段是一个渐扩形的通道，在此水的速度进一步降低，其动能进一步转化为压力能。以往的研究表明：在进汽压力较高的情况下宜采用中心进汽–环周进水型装置；在进水压力较高的情况下宜采用中心进水–环周进汽型装置[12]。

1.3 超音速汽液两相流升压装置研究进展

早在16世纪，人们已经发现了两股流体的混合现象，但是直到19世纪60年代，德国学者 Zeuner G 在动量定理的基础上建立了喷射器理论。在1870年，Runkin M 和 Zeuner G 进一步完善了喷射器理论[2]。迄今为止，关于喷射器的研究和应用已经有了100多年的历史，而最早的装置就是目前仍然普遍使用的喷射泵或射流泵，它们的出口压力高于被引射流体压力但低于工作流体压力，升压性能受到了限制。20世纪30年代以来，流体力学以及空气动力学的发展，进一步推动了喷射器理论的发展及应用。到第二次世界大战之后，喷射式超音速汽液两相流升压技术有了重大突破，装置的出口压力得到了大幅提升并超过了一次流体的压力。由于该技术一直用于潜艇、军舰等军事工业，西方各国对该技术进行了封锁，在一定程度上阻碍了该技术的发展。但是与传统的机械增压设备(如：压缩机、泵、鼓风机等)相比，该设备简单可靠，具有极大的优越性，因此，各国学者对此进行了一系列研究。到20世纪80年代后期，该设备已经广泛出现在核反应堆安全系统、航空航天、军工、造纸、食品加工、石油化工、供热系统等领域[14,24-29]。

1.3.1 超音速汽液两相流升压装置性能实验研究

两相流动以及相变过程的机理相对比较复杂，从纯理论角度描述超音速汽液两相流升压装置具有一定的难度。因此，国内外的许多学者在实验的基础上对该装置的性能进行了一系列的研究。

20世纪70年代开始，日本的许多学者针对超音速汽液两相流升压过程展开了系统的研究。大阪大学的 Miyazaki 等学者[30]对超音速汽液两相流的相间凝结换热特性展开了实验研究，其进汽压力和温度分别为 $0.067\sim0.55MPa$、$101\sim158℃$，进水压力和温度分别为 $0.011\sim0.4MPa$、$8.5\sim59℃$。实验测得的相间凝结换热系数为 $5.88\sim11.76MW\cdot m^{-2}\cdot℃^{-1}$，其大小主要由汽液两相的相对速度决定，并对汽液界面进行了理想化假设，给出了包含 Re 和 Ja 的 Nu 关联式。九州大学的 Matsuo 等学者对变截面通道内蒸汽的流动进行了实验研究，发现背压超过一定范围时，变截面通道内某一截面处会产生凝结激波，凝结过程伴有均匀核化作用引起的不平衡凝结，同时给出了激波位置及不平衡凝结区域的确定方法[31]。从 1989 年开始，东芝 Isogo 工程中心的 Narabayashi 和 Iwaki 等学者对反应堆中采用的超音速汽液两相流升压装置展开了一系列的研究。他们采用了中心进水-环周进汽型升压装置，并采用了模型试验的方法进行研究。其蒸汽进口压力为 3MPa，水进口压力为 7MPa，装置的出水压力可达到 12MPa，完全能满足装置在核反应堆中的应用。同时，还对装置内部汽液混合过程进行了可视化研究，研究了汽液界面上两相流的密度[11,12,32-34]。

20 世纪 80 年代开始，苏联学者 Aladyev 等[35-37]对中心进水-环周进汽型升压装置展开了一系列的实验研究，其出水压力可达到装置进口水压力的两倍。实验结果显示：汽液两相区壁面摩擦非常可观，可能造成高达 30%的总能量损失，并在实验结果基础上建立了计算装置效率以及热能向机械能转化效率的模型。而且为了追求更高的能量转化效率，他们还开发了一种多孔射流装置。Khurayev[38]进一步对该装置在封闭循环中的启动问题进行了实验研究，发现蒸汽干度越高启动越容易，启动范围是由装置结构和进汽进水参数共同决定的。

1986 年加拿大学者 Suurman[39]对中心进汽-环周进水型装置进行了实验研究，根据其性能，设计了一种用于核电站蒸汽发生器紧急给水系统的超音速汽液两相流升压装置。通过调整蒸汽喷嘴的位置，该装置可以满足核电站蒸汽发生器紧急给水系统的要求。其实验结果表明：该装置可以有效提高核反应堆的安全性。

从 1991 年开始，意大利发电委员会 ENEL 与米兰的 Cattadori G 等学者[40]开始合作，对汽液两相流升压装置在核反应堆紧急冷却系统中的应用进行了研究。他们采用了中心进汽-环周进水型超音速汽液两相流升压装置进行了模型试验。该试验装置的流量与沸水堆紧急补水系统的流量比为 1 : 6，装置采用恒定的进水压力 0.2MPa，进水温度为 15~37℃，进汽压力为 2.5~8.7MPa。试验结果表明：装置可以稳定地得到高于进汽压力 10%的热水，能满足沸水堆紧急补水系统的要求(水量 60kg·s⁻¹，水压 9MPa)，并为此开发了控制流量的双分流系统和启动系统。

从 1994 年开始，法国学者 Leone 和 Deberne 等[41,42]对超音速汽液两相流升压装置在核反应堆安全供水系统中的应用进行了研究。他们采用的是中心进水-环周进汽型装置，其进汽压力为 0.1~1.2MPa，进汽量小于 0.5t·h⁻¹，进水温度为 15~110℃，进水量为 15t·h⁻¹，其出水压力可以达到 0.1~2MPa。采用可视化研究方法对装置内部的流动进行了研究，测量了混合腔内汽液两相流压力、温度的分布，并采用 γ 射线衰减方法测量了两相流的空泡率，提出壁面作用力是混合腔内两相流的主要流动损失。

从 1995 年开始，俄罗斯 Kurcgatov 国家科学研究中心的学者 Malibashev[13,43,44]

对中心进汽-环周进水型超音速汽液两相流升压装置进行了实验研究，他采用了锥形和渐缩形两种喷嘴作为蒸汽喷嘴，装置的出水压力可以达到进汽压力的 2.8 倍；同时研究了装置的启动、运行效率，验证了该装置用于核反应堆紧急冷却系统的可行性。

从 21 世纪初开始，波兰科学院流体流动机械研究所的等学者 Trela[45-48] 对中心进汽-环周进水型装置进行了一系列研究，其实验装置的出水压力可以达到进汽压力的 97%，分析了不同进汽、进水参数对装置性能的影响；同时研究了装置内部温度压力的分布、汽液两相流流型以及汽水间换热特性。

第五届欧洲研究与发展框架委员会组织法国、意大利、德国、捷克和波兰五国的多位学者成立 DEEPSSI 计划小组[49]，并资助他们研究高参数下的中心进汽-环周进水型超音速汽液两相流升压装置，该计划建立了三套实验装置：法国的 CLAUDIA、意大利的 IETI 和波兰的 IMP-PAN，与最初的装置相比性能提升明显，但实验最大出口水压仅略高于进汽压力。

我国从 20 世纪 50 年代开始从国外引进喷射器技术资料以及样机，并在工程中进行了一定的推广，但由于种种原因直到 90 年代才引起了学者的广泛关注并取得了不少研究成果，而且喷射器技术也被广泛地应用到了各种工业场合。重庆大学童明伟教授带领的研究小组对进水压力为 0.17~0.22MPa 的引射混合式加热器进行实验，对其应用于电厂低压加热器的可行性与经济性进行了分析，指出了设计类型加热器的关键是汽水流量比[50]；分析了混合腔喉部面积与工作喷嘴出口面积比对引射式加热器性能的影响，提出多级引射可以提高装置的引射性能，并且对多喷嘴引射式加热器进行了研究，实验中获得的加热器的最高出水温度为 98℃，加热效率为 95%；分析了进口参数对引射系数以及加热效率的影响[51,52]。上海理工大学袁益超教授[53-57]带领的团队对多蒸汽喷嘴汽液两相喷射器进行了实验研究，实验中采用了环周进水型装置，得到了容积喷射系数、进水量随蒸汽参数(压力、干度)的变化规律。

西安交通大学严俊杰教授等学者[4-7,28,29,58-66]从 1999 年开始，对两种结构型式的超音速汽液两相流升压装置的升压过程、最大升压能力、负荷能力、阻力特性及汽液两相之间的传递特性等展开了系统实验研究，获得了主要影响因素对装置性能的影响规律并进行了优化，解决了进水温度过高时装置无法工作的问题，并将其发展应用于民用供热系统中，取得了良好的效果。

1.3.2 超音速汽液两相流升压装置理论研究

在理论研究方面，各国学者也针对超音速汽液两相流升压装置展开了一系列研究与分析。对于存在相变的超音速汽液两相流，蒸汽和冷水在空间及时间上存在随机扩散，同时存在剧烈的相互作用。针对该复杂的三维两相流动及相变过程，精确的解析解目前还无法建立，建立该解析解所需知识的广度及深度是惊人的。在不懈的探索过程中，人们先后提出多种数理模型来求解两相流问题。目前针对该过程的模型主要包括局部模型和整体模型两种。其中局部模型需要追踪流场中的每一个点，考虑每一个点上的运动、传热和传质以及各点之间的相互作用，包括黏性耗散、动量传递和流动非平衡等。局部模型的求解需要对以上过程有完整的数学描述；而整体模型则避开了汽液直接接触导致的两相流动、相变以及凝结激波的问题。将混合腔作为一个控制体，对其应用质量守恒、动量定理以及能量守恒，并采用一定的经验公式或者实验关联式进行求解，可以获得装置的整体性能。

从1990年开始，英国学者 Vincent 等[67]对中心进汽−环周进水型超音速汽液两相流升压装置进行了研究，在实验的基础上对流动进行了假设，提出了针对该装置的微分方程组编程并求解，其中工质压力和体积分数的计算结果与实验结果较好地吻合。由于对复杂的混合腔内流动进行了不少简化，且采用的经验公式通用性不强，对于不同的装置需要相应的实验数据才能求解，因此，降低了该模型的真实性与通用性，需要更合理的简化以及实验数据来改进该模型。

从1990年开始，美国俄亥俄州立大学的 Anand 和 Startor[68,69]从微观角度对超音速汽液两相流升压装置进行了理论求解。他们分析了过热度和凝结对蒸汽喷嘴内部湿蒸汽流动的影响，根据凝结机理和空气动力学机理对蒸汽冷水高速混合进行了求解，提出了凝结真空是凝结激波产生的决定性因素并解释了激波过后压力的振荡。但蒸汽冷水在混合腔内高速混合的过程极为复杂，因此，建立模型时所进行的许多假设与实际情况有较大的偏差，使得模型的真实性大打折扣，而且他们没有通过实验或者使用他人的实验结果来验证该微分模型。

东芝 Isogo 工程中心的 Narabayashi 等学者[11,12]针中心进水−环周进汽型装置建立了微分形式的计算模型，并利用商业软件 PHOENICS 进行了数值模拟。计算结果表明：1/2缩尺模型在进汽压力为7MPa、进水压力为0.4MPa的条件下出水压力可以达到8MPa，1/5缩尺模型在进汽压力为3MPa、进水压力为7MPa的条件下出水压力可以达到12.5MPa。采用1/5.5缩尺模型实验结果对上述模型进行了验证，并通过相似分析得出全尺寸模型流量为220t·h⁻¹时出水压力仍可以达到11.5MPa，可以满足核反应堆应用的要求。

从20世纪末开始，土耳其地中海大学的 Beithou 和 Aybra 等学者[70-73]采用局部模型对中心进汽−环周进水型超音速汽液两相流升压装置进行了理论研究，假设蒸汽在混合腔内形成一个稳定的锥形区域，蒸汽和冷水在该区域界面发生直接接触凝结换热，采用一维控制容积法，根据汽液两相的质量、动量和能量守恒建立了装置的数学模型；利用有限差分法和 RELAP5/MOD3.2 程序对混合腔内汽液两相流动进行了求解，其中混合腔轴向压力的计算结果与 Cattadori 的试验结果吻合较好，并且分析了进汽、进水参数以及装置的结构对装置性能的影响。同时，他们还为沸水堆堆芯设计了一种无源引射系统，在进汽压力为 2~10.5MPa、进水压力为 320kPa、进水温度为 15℃ 的条件下计算结果表明该无源引射系统的可靠性高于蒸汽驱动泵的系统。

从 21 世纪初开始，波兰科学院流体流动机械研究所的 Trela 等学者[45,46]对中心进汽-环周进水型装置展开了理论研究，建立了装置的数理模型及最高升压性能模型；同时通过对进汽、进水参数以及装置结构进行无量纲化得到了装置的相似准则，并在此基础上提出了两相间换热系数关联式，但未进行数值计算，模型的准确性有待验证。

Cattadori 等[40]采用全局模型建立了中心进汽-环周进水型超音速汽液两相流升压装置的计算模型。该模型假设装置内部为一维稳态流动，径向不存在温度、压力和速度梯度且壁面绝热无摩擦，同时采用实验关联式对壁面作用力进行了求解，但其最大计算误差达到了 40%，且模型的通用性有限。

Leone 和 Deberne[41,42]也采用全局模型建立起了中心进水-环周进汽型超音速汽液两相流升压装置的一维简化模型，提出混合腔壁面作用力对装置性能存在较大影响，并给出了不同进汽、进水条件下壁面作用力的经验公式，深入分析了壁面作用力对装置整体性能的影响。

DEEPSSI 计划小组[49]在第五届欧洲研究与发展框架委员会资助下制定了超音速汽液两相流升压装置在俄罗斯 WWER-440/213 核电站蒸汽引射系统和欧洲压水堆 EPR 蒸汽发生器紧急给水系统 EFWS 中的应用技术规范，并提出了一个计算模型(一维模块程序 CATHARE2)来模拟该装置在工业系统中的应用。虽然 DEEPSSI 计划小组在装置性能及数理模型方面没有重大突破，但其指定的技术规范将为超音速汽液两相流升压装置在核反应堆系统中的设计与应用奠定良好的基础。

大连理工大学沈胜强教授等针对喷射式热泵系统和喷射式制冷系统进行了一系列的研究。他们应用气体动力学原理描述了喷射式热泵，并提出了计算装置性能的方法，按照最佳引射系数、最佳压缩系数及最佳升温系数优化了装置的结构[74]；建立了喷射器内部混合过程的二维模型，并对模型进行了实验验证，在此基础上进一步分析了流动过程和结构参数对装置性能的影响[75,76]；采用二维流动数值模拟的方法，分析了进口参数变化时对装置性能的影响，研究了产生激波的条件以及激波的位置、强度等[77,78]。

重庆大学的曾丹苓、赵良举等学者[79,80]对汽液两相流中的音速、超音速流动和两相流凝结激波进行了理论研究并设计了超音速汽液两相流升压装置。研究表明汽液两相流中的音速远低于其中单相介质中的音速，例如，当空泡率为50%左右时两相流的音速只有几十米每秒，远低于空气中的音速（335m·s⁻¹）和水中的音速（1525m·s⁻¹）。潘磊[81]假设汽液两相处于热平衡状态，进而采用几何拓扑方法对汽液两相流微分方程组的解进行了分析，提出两相流音速和临界流速计算公式，但与实验得到的音速相差太大。肖艳等学者[82]考虑相变弛豫现象并引入相变系数的概念，推导出汽液两相流中音速的简捷公式，并分析了压力、空泡率、相变系数等对音速的影响。赵良举等学者[83-86]分析了不可逆因素（流体黏性、两相导热、相变和空泡率等）对两相流音速的影响，并从基本方程入手，对有相变的汽水两相流在缩放通道、渐缩与等截面组合通道中的跨音速流动进行了研究，得到了两相流的各种参数（空泡率、流速、压力、音速和马赫数等）在通道内的变化情况。在以上基础上建立了两相流激波的数学模型并进行了求解，最终设计出了利用超音速两相流激波的新型具有增压功能的换热器，并搭建了实验台，得到了关于增压换热器的研究结果。

上海理工大学的袁益超教授[87,88]带领的团队根据直接接触凝结理论，分析了进水温度与进水流量之间的关系，以及蒸汽喷嘴喉部面积与出口流量之间的关系；证明了在600MW超超临界机组启动系统中采用超音速汽液两相流升压装置取代传统再循环泵的可行性，解决了原启动系统结构复杂、再循环泵易发生汽蚀等问题。

西安交通大学严俊杰教授[29,89,90]带领的团队从数值及理论分析的角度出发，对超音速汽液两相流升压装置进行了系统的研究，建立了预测混合腔内两相流压力及装置升压性能的一维模型，并对饱和蒸汽在高速过冷水射流外侧凝结过程进行了数值模拟。

1.3.3 超音速汽液两相流升压装置可用能研究

为进一步研究超音速汽液两相流升压装置的升压机理，近几年许多学者从热力学第二定律的角度出发，对装置内可用能及其转化规律进行了一系列的研究。

针对工作流体分别为R141b、R245fa及R600a的制冷系统，Chen等学者[91]研究了该制冷系统中喷射器的可用能损失，获取了喷嘴、混合腔及扩散段内可用能衰变规律。基于稳流系统焓熵平衡，Trela等学者[92,93]对中心进汽-环周进水型超音速汽液两相流升压装置进行了系统的㶲分析，实验获取的装置㶲效率为27%~45%；同时，分析了蒸汽喷嘴、水喷嘴、扩散段及混合腔（汽液两相流动及凝结激波）的不可逆性。结果表明：单相区的㶲损失主要由蒸汽喷嘴造成的，而装置绝大部分㶲损失出现在汽液两相区。

国内部分学者也对装置的可用能展开了研究。王菲等学者[94,95]对喷射式制冷系统的性能进行了研究，与传统制冷系统效率进行了对比，并分析了系统中各部分的㶲损失及不同参数对系统㶲效率的影响。Cai 等学者[96]研究了进水温度、进汽压力、压比及引射率等参数对中心进水–环周进汽型超音速汽液两相流升压装置㶲效率的影响，其中装置采用两级进汽。结果表明两级进汽型装置的㶲效率比单级进汽型装置的㶲效率约高 21%。此外，他们对装置各部件导致的㶲损失进行了分析，结果表明主要的㶲损失发生在第一级混合腔内。Yan 等学者[97,98]研究了进水温度、进水压力及进汽压力对中心进水–环周进汽型超音速汽液两相流升压加热装置㶲效率的影响。此外，他们还研究了水喷嘴旋流叶片对装置㶲效率的影响，结果表明，水旋流叶片会提升装置的㶲效率，最高可使㶲效率增加约 93%。

综合国内外关于变截面通道内超音速汽液两相流升压技术的研究成果，尚存在以下几个问题：

（1）实验得到的装置最大出水压力远低于理论出水压力，需要进一步改进实验系统并深入研究其升压机理；

（2）汽水参数及结构参数对装置性能的影响规律缺乏系统的实验研究，大大限制了装置的优化设计；

（3）研究多集中在该装置的应用、整体性能及基于装置进、出口汽水参数的分析，缺乏对变截面混合腔内汽液两相流的流动状态、压力分布及相间凝结换热特性等机理的研究；

（4）关于超音速汽液两相流升压装置的计算模型，不论是局部模型还是整体模型，都需要实验关联式辅助求解，但这些实验关联式均采用单个实验数据拟合而成，导致模型的精度以及通用性较差，究其根本原因还是缺乏对超音速汽液两相混合机理的深入研究；

（5）关于超音速汽液两相流升压装置可用能的研究较少，且通常采用常规的物理㶲平衡分析法，仅能反映装置的热力学完善度，无法描述其升压属性，同时常规的㶲分析是以无驱动力的理想过程作为分析基础，只能指出装置性能改进的潜力和可能性，但不能指出改进是否可行。

1.4　汽水直接接触凝结研究进展

在超音速汽液两相流升压装置混合腔内发生的是超音速蒸汽与过冷水直接接触的质量、动量及能量传递过程。该过程属于汽水直接接触凝结换热，其界面周围湍流强度增大，强化了传热传质过程，因此其换热效果优于壁面凝结换热，具有高效的换热能力；同时，汽液两相在装置内以"碰撞"的形式进行动量传递，直接将蒸汽的可用能转化为水的压力能，且具有高效的混掺能力。该过程中质量、动量及能量传递特性直接决定了超音速汽液两相流升压装置的性能，研究该过程中的流动与换热特性是分析超音速汽液两相流升压机理的关键，因此，国内外学者针对汽水直接接触换热以及超音速蒸汽射流凝结换热展开了大量的研究。

从 20 世纪 70 年代开始，国内外学者针对不同的汽水参数和流动情况对汽水直接接触凝结换热现象进行了一系列的研究，发现了一定的机理和规律，并激发了一系列相关的宏观及微观现象的研究[99-146]。

很多学者对水平管和竖直管中蒸汽-水直接接触凝结换热特性及不凝结气体对凝结过程的影响展开了研究。结果表明：蒸汽浓度和水的流率是凝结换热系数的决定性因素，其中，水的流率对汽液界面和汽体层之间的动力学作用有较大影响，从而影响凝结换热系数。同时指出不凝结气体对凝结换热系数有重大的影响，浓度仅为 1% 的不凝结气体便会导致凝结换热系数降低 50%[115,116]。

从 20 世纪末开始，韩国 Choi 等学者[117,118]对水平管内蒸汽/蒸汽-空气混合物与冷水直接接触凝结进行了实验研究，实验过程中空气的质量分数最高可达 50%，并结合以往的实验数据建立了汽水直接接触凝结的数据库。同时利用美国爱达荷州国家工程实验室为美国核能管理委员会提供的安全性分析代码 RELAP5/MOD3.2 预测了汽水直接接触凝结换热系数，并与实验结果进行了对比。结果表明：不论是在顺流还是逆流情况下，在不含不凝结气体时该方法得到的凝结换热系数偏大。采用 Kim 和 Bankoff 的方法[119]对逆流情况下的凝结换热特性进行了分析，与实验结果吻合较好。另外，在含有不凝结气体的情况下，RELAP5/MOD3.2 方法的预测误差达到了 61.5%，采用 Kim 和 Bankoff 的方法并进行修正后，预测误差降低到 20.9% 以内。

波兰 Mikielewicz 等学者[120]对蒸汽在液膜上的直接接触凝结过程进行了研究，以实验数据及理论分析为依据，指出汽液界面上的涡流扩散对凝结过程具有重要影响，也是分析汽液直接接触凝结换热机理的难点所在。

俄罗斯学者 Trofimov[121]对蒸汽与竖直向上过冷水射流直接接触凝结换热过程进行了实验研究，发现了竖直向上水射流的热力学优点，实验结果表明该系统的凝结换热系数比竖直向下水射流凝结换热系数高 14%~22%。

韩国学者 Lee 和 Kim[122]对蒸汽和冷水在不同尺寸竖直管内的直接接触凝结换热特性以及不凝结气体对换热特性的影响进行了研究。结果表明：蒸汽流量增加会导致局部凝结换热系数变大；不凝结气体质量分数的减小也会导致局部凝结换热系数变大。但对于小尺寸的竖直管来说，上述两个因素对汽液直接接触凝结换热特性影响不大。

21 世纪以来，国内许多学者也对汽水直接接触凝结换热进行了一系列的研究。西安交通大学的刘继平等学者[90]对中心进水-环周进汽型汽液两相流升压装置内的凝结换热过程进行了研究。假设混合腔内流动为二维轴对称、凝结发生在圆柱相界面上，并考虑了蒸汽凝结导致的相界面处的法向速度，采用标准的 k-ε 湍流模型对高速过冷水射流外饱和蒸汽凝结换热过程进行了数值模拟，分析了进水温度对凝结换热特性的影响规律，提出凝结换热的强度主要由高速过冷水射流中的湍流运动所决定，计算得到的平均凝结换热系数达到 $1.0\mathrm{MW}\cdot\mathrm{m}^{-2}\cdot\mathrm{℃}^{-1}$，与实验结果相符。

在先进压水堆全压堆芯非能动注水系统中，饱和闪蒸蒸汽在补水箱(CMT)深度过冷厚筒壁和液面层发生凝结现象，针对这一现象，重庆大学的李夔宁等学者[123-126]对汽水直接接触凝结换热现象进行了一系列的研究。注水初期由于蒸汽在过冷水液面快速凝结导致补水箱内压力发生波动，提出在补水箱上部安装遮流板改变蒸汽流动的方向，搭建了相应的实验装置并进行了可视化研究。蒸汽喷入过冷水中形成倒圆锥形汽穴并产生大量气泡，在短时间内汽穴减小，汽液界面开始剧烈波动；将凝结过程分为"压力平衡"和"压力稳定"两个阶段，并给出了相应的凝结换热系数实验关联式。测量了补水箱内瞬时的温度分布，分别对有无遮流板的热分层现象进行了分析，得到了热水层随时间的变化规律且发现无遮流板的实验凝结换热系数随初始压力的升高而增大，可达 $0.7\mathrm{MW}\cdot\mathrm{m}^{-2}\cdot\mathrm{℃}^{-1}$。加装遮流板后实验凝结换热系数在压力平衡前的瞬态变化趋势明显，与无遮流板时凝结换热系数相比明显下降。此外，将凝结分为"蒸汽供应限制模式"和"凝结限制模式"，在"凝结限制模式"下加装遮流板后凝结换热系数降低 76%~92%，也就是说遮流板可以降低直接接触凝结换热的剧烈程度，减弱近液面层的压力波动，从而缩短系统压力平衡的时间。

此外，他们还对蒸汽在过冷水液面上的凝结换热过程进行了数值模拟。计算过程中忽略过冷水与筒壁间的对流换热，假设过冷液层为静止的当量导热体表面，蒸汽在该表面上均匀凝结，同时引入"导热系倍增因子"和"均温混合层"反映蒸汽射流进入补水箱液面时对蒸汽凝结换热的强化作用；预测了不同工况下补水箱中各时刻闪蒸蒸汽的凝结率，与实验结果符合较好。但以上简化假设需要根据实验数据拟合得到，因此模型的通用性有待验证。

从 20 世纪 80 年代开始，美国学者 Simpson 和 Chan[127,128]对亚音速蒸汽浸没射流凝结换热现象进行了研究，对可视化实验拍摄的照片进行处理可获得汽液界面，假设蒸汽在相界面上进行凝结，且相界面上热流密度均匀。结果显示：其凝结换热系数可以达到 $1.0\mathrm{MW}\cdot\mathrm{m}^{-2}\cdot\mathrm{℃}^{-1}$，但小于音速蒸汽浸没射流的平均凝结换热系数。在气泡分离区，随过冷水温度的升高，平均凝结换热系数基本不变，但是在气泡生长区，随过冷水温度的升高，平均凝结换热系数增大。

从 20 世纪 90 年代开始，韩国学者针对蒸汽在过冷水中的射流凝结过程展开了研究。Chun 等学者[129]研究了音速喷嘴的结构对蒸汽在过冷水中射流凝结换热特性的影响。结果表明：过冷水温度对平均凝结换热系数的影响不大，而小尺寸喷嘴具有更好的换热特性；平均凝结换热系数随着蒸汽质量流率的增大而增大，在高蒸汽质量流率工况下，平均凝结换热系数在 $1.0 \sim 3.51 \text{MW} \cdot \text{m}^{-2} \cdot \text{℃}^{-1}$ 之间。同时，他们还建立了平均凝结换热系数的实验关联式，其预测误差在 ±30% 以内。基于同样的假设，Kim 等学者[130]得到的平均凝结换热系数在 $1.24 \sim 2.05 \text{MW} \cdot \text{m}^{-2} \cdot \text{℃}^{-1}$ 之间，且随蒸汽质量流率、过冷水温度以及喷嘴尺寸增大而增大；同时，也建立了平均凝结换热系数的实验关联式，其预测误差在 ±20% 以内。针对低蒸汽质量流率工况，Ju 等学者[131]研究了其凝结换热特性，认为紊态特性对凝结换热系数的影响可以忽略；在间歇流区，基于先前学者提出的圆锥形假设得到的凝结换热系数小于真实的凝结换热系数；在亚音速射流区，气泡的破碎会形成很多小气泡，因此圆锥形假设得到的汽液界面面积要小于实际的换热面积，导致计算得到的凝结换热系数偏大。

中国学者武心壮[132]针对音速及超音速蒸汽在过冷水中的射流凝结过程进行了系统的实验及理论研究。通过实验方法及理论模型获取的平均凝结换热系数在 $0.43 \sim 2.51 \text{MW} \cdot \text{m}^{-2} \cdot \text{℃}^{-1}$ 之间，并研究了汽水参数和结构参数对平均凝结换热系数的影响规律。中国学者种道彤等[133]研究了通孔及盲孔对汽羽穿透长度的影响，研究发现直管喷嘴形成的汽羽穿透长度要大于盲孔喷嘴形成的汽羽穿透长度，且汽羽穿透长度的变化规律与汽羽膨胀比的变化规律呈现出相反的规律；根据膨胀波以及压缩波的理论针对不同的喷嘴结构类型提出了汽羽穿透长度的计算预测模型。中国学者杨小平等人[134]研究了蒸汽和水质量流率及水的温度对矩形通道内蒸汽射流的影响，发现了两种稳定射流以及两种非稳定射流，并对流场研究发现：流型由轴向温度分布决定，汽羽的穿透长度由压力峰值的位置决定，上壁面的温度分布由蒸汽以及水的质量流率决定，而下壁面的温度受蒸汽质量流率、水温、水流速的共同影响。中国学者宗潇等人[135,136]对矩形通道内的蒸汽射流凝换热特性进行了实验研究，由于流动的水促进了蒸汽的凝结，该实验获取的平均凝结换热系数在 $3.7 \sim 9.4 \text{MW} \cdot \text{m}^{-2} \cdot \text{℃}^{-1}$ 之间，换热效果远超蒸汽在静止水中的射流凝结过程。此外，随蒸汽质量流率的增大，平均凝结换热系数减小；随过冷水入口的温度以及流量的增大，平均凝结换热系数增大。同时，基于湍流强度模型他们还提出了蒸汽在流动的过冷水中凝结的换热系数的预测关联式。

近几年不少学者对蒸汽浸没射流凝结换热现象进行了数值模拟。Shah 等[137]和周轮等[138,139]分别建立了蒸汽浸没射流凝结的模型，假设凝结换热主要发生在汽液界面上，通过相界面上的热平衡求解蒸汽的凝结速率，从而对蒸汽射流现象进行了仿真。通过数值模拟方法模拟和验证了实验中发现的流型，同时获取了更加详细的流场参数并捕捉到了激波。分析发现：在音速和超音速射流条件下，射流凝结流型主要受膨胀波和压缩波影响，膨胀收缩形汽羽恰好是汽流经过一次膨胀波和一次压缩波的结果，而双膨胀压缩波是汽流经过两次膨胀波和两次压缩波。

1.5 本章小结

随着科技的进步和工业的快速发展，超音速汽液两相流升压装置在能源动力、油气开采、核工业、食品工业、制冷低温等领域的应用越来越广泛。本章文献调研可以表明，在工业应用方面该装置仍有较大的改进空间，而机理方面的研究更是欠缺。本书针对国内外研究的不足，首先，对中心进水-环周进汽型超音速汽液两相流升压装置进行系统的实验研究；其次，建立㶲分析模型以描述装置的热力学完善度及升压属性；最后，采用实验及数值计算方法，对超音速蒸汽在过冷水中射流凝结过程进行了㶲分析，为分析超音速汽液两相流升压机理、装置的优化设计及经济运行提供了有力的指导。

2 超音速汽液两相流升压装置实验研究

在超音速汽液两相流升压装置研究过程中，实验研究占据了至关重要的地位，因为所有传热传质过程基本规律及装置整体性能变化规律的揭示，首先通过实验测定来完成。本书针对不同的蒸汽喷嘴、水喷嘴和混合腔在不同的进汽压力、进水压力和进水温度下对中心进水-环周进汽型超音速汽液两相流升压装置进行了系统的实验研究，测量了装置内部的压力和温度分布，得到了装置的升压过程及极限升压能力，找出不同汽水参数和结构参数对装置内压力分布、引射性能、升压性能、热力学完善度、可用能转化及转化过程中可用能损失的影响规律，为分析超音速汽液两相流升压特性及机理提供实验依据。

2.1 实验系统

2.1.1 实验系统设计

图 2-1 为本书设计搭建的超音速汽液两相流升压实验系统示意图。主要包括中心进水-环周进汽型汽液两相流升压装置、锅炉、压力调节阀、电动水泵、水箱、冷却塔、测量系统以及数据采集系统。根据工质的流动情况，可将实验系统分为进汽系统、进水系统、排水系统、实验段及数据采集系统五个部分。

（1）进汽系统

实验中需要一定流量且参数稳定的饱和蒸汽，所以采用了全自动电热饱和蒸汽发生器，如图 2-2 所示。蒸汽发生器型号为 ZDRQ，可提供最大蒸汽压力为 0.7MPa 的饱和蒸汽，最大蒸发量为 $0.4\text{t} \cdot \text{h}^{-1}$。配备水处理系统和两台补水泵（其中一台备用），以保证一定流量的蒸汽；蒸汽发生器设有 10 个加热单元，每个单元的功率为 33kW，调节加热单元的投入数量调节蒸汽发生器的功率以调节蒸汽参数，根据需要可以选择手动调节和自动调节功能，控制柜面板可以实时显示蒸汽参数；蒸汽发生器顶部装有两组压力表和温度表，用于监测其内部的压力和温度，当锅炉压力超过最大压力 0.7MPa 时，安全阀自动打开，蒸汽由紧急排汽口排出，从而防止其内部压力过大造成危险。

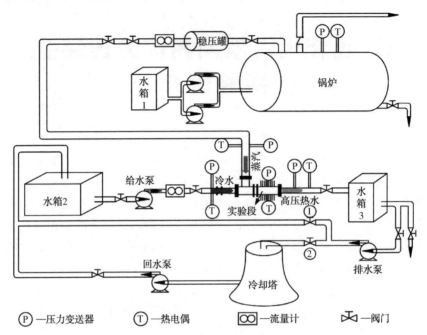

图 2-1 超音速汽液两相流升压实验系统

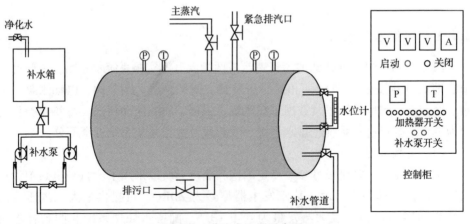

图 2-2 蒸汽发生器示意图

为了保证实验中蒸汽参数的稳定，蒸汽发生器产生的饱和蒸汽由蒸汽主管道引出后先进入稳压罐，由稳压罐再分配给蒸汽管道，经过调节阀后进入测试段。进汽压力可以通过调节阀的开度来控制。

（2）进水系统

为了维持实验中过冷水的流量，过冷水事先储存在水箱 2 中，其容积为 6m³，然后由工作水泵送入测试段，进水压力可以通过调节进水阀门的开度来控制。其中工作水泵采用立式管道离心泵，型号为 IRG65-915A，额定功率为 22kW，最大扬程为 113m，最大流量为 23.7t·h⁻¹。

（3）排水系统

排水压力可以通过调节背压阀的开度来控制。经过升压后的热水由排水管路送入水箱 3，其容积为 1.5m³。如果开启阀门 1、关闭阀门 2，水箱 3 中的热水由排水泵送入水箱 2 中，通过改变热水的流量可以达到调节进水温度的目的，以研究不同进水温度对装置性能的影响。如果开启阀门 2、关闭阀门 1，水箱 3 中的热水由排水泵送入冷却塔，然后由回水泵送入水箱 2 用于补充实验所需的过冷水。其中排水泵采用立式管道离心泵，型号为 IRG65-200，额定功率为 7.5kW，最大扬程为 50m，最大流量为 25t·h⁻¹；回水泵采用立式管道离心泵，型号为 TQR50-315B，额定功率为 18.5kW，最大扬程为 103m，最大流量为 15.7t·h⁻¹；冷却塔采用良机冷却塔，型号为 LBOMP30，冷却能力为 3140000kJ·h⁻¹，水量为 3000L·h⁻¹，风量为 420t·h⁻¹。

（4）实验段

实验段即超音速汽液两相流升压装置，它是该系统的核心，如图 2-3 所示。采用了中心进水-环周进汽型装置，由三通阀、水喷嘴、蒸汽喷嘴、混合腔组成，其中水喷嘴和混合腔通过与三通阀之间的配合来实现定位以保证其相对位置的精度。水喷嘴的外部轮廓与混合腔内壁形成了超音速蒸汽喷嘴，修改水喷嘴的外部尺寸可以改变蒸汽喷嘴喉部面积以及压比。在混合腔的上、下两侧对称布置了温度及压力测点。这样的结构安装、拆卸方便，降低了加工成本又可以满足实验中调整结构的要求。

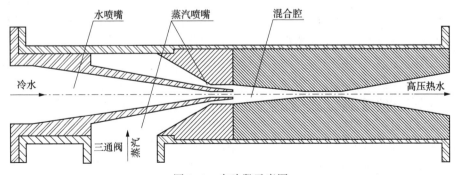

图 2-3　实验段示意图

（5）数据采集系统

本实验使用的数据采集设备具有较强的抗电磁干扰、抗振动等优点，其系统如图 2-4 所示。PCI 总线及多功能调理模块具有滤波和温度补偿功能，可对特殊信号进行放大或者衰减处理，并且可以将特殊接口转换成标准接口；系统可同时采集温度和压力信号，采样速率可达 250kS·s^{-1}；由 Labview 软件实现的显示及操作界面友好逼真，简易快捷，可靠地保证了实验数据的采集和分析。

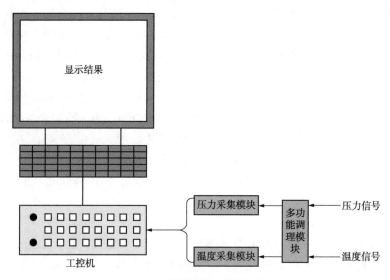

图 2-4　数据采集系统示意图

2.1.2　中心进水-环周进汽型超音速汽液两相流升压装置设计

中心进水-环周进汽型超音速汽液两相流升压装置主要由水喷嘴、环形蒸汽喷嘴、混合腔及扩散段组成。水喷嘴是一个渐缩形的通道，它将水的压力能转换为动能在混合腔内形成高速水射流。水喷嘴出口附近的空气被高速水射流卷吸带走从而形成一定的真空，为蒸汽喷嘴营造一个较低的背压。由于背压较低，蒸汽被吸入环形缩放形喷嘴后可以顺利地膨胀至超音速。由于温度差、压力差以及速度差，超音速蒸汽和高速水射流在混合腔内进行剧烈的质量、动量及能量交换，最终形成均匀的超音速汽液两相流。增加装置的背压可以引起扰动，扰动产生的压缩波会通过扩散段向上游传播，在扰动的作用下混合腔的喉部或者稍微往后位置的蒸汽会处于过冷状态，从而迅速凝结产生凝结激波。激波过后蒸汽几乎全部凝结，液相的通流面积迅速增加，速度降低以维持流动的连续性，最终其动能转化为压力能。扩散段是一个渐扩形的通道，在此水的速度进一步降低，其动能进一步转化为压力能。因此，水喷嘴、蒸汽喷嘴、混合腔及扩散段的结构均会对装置的性能产生影响。为了系统地研究结构参数对装置整体性能及其内部流动的影响，设计加工了多个水喷嘴以及混合腔。

（1）水喷嘴

蒸汽流量受限于蒸汽发生器的最大蒸发量，而进水压力及背压一定时，进水量主要由水喷嘴出口面积决定。为保证装置的稳定运行以及合理的汽水流量比，本实验设计了出口直径为 8mm 的水喷嘴，如图 2-5 所示。实验中，水喷嘴内壁面受高压冷水冲刷，外壁面受高温高压蒸汽冲刷，工作环境较恶劣，综合考虑强度韧性及可加工性，选用了 45 号钢。水喷嘴入口尺寸与进水管道一致，通过法兰与进水管道和三通阀连接，装配时法兰面涂有密封胶，以确保实验装置的气密性。水喷嘴出口段的外侧设计为渐缩形，与混合腔内部配合以形成收缩-扩张形超音速蒸汽喷嘴。由于喷嘴较长，为了保证加工精度，分为两段进行加工。其中进口段采用数控机床加工，出口段由于内径较小，为保证加工精度，采用电火花机加工，然后将两部分进行焊接并打磨。焊接并打磨后的水喷嘴实物如图 2-6 所示。

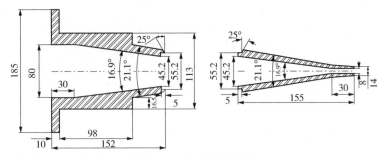

图 2-5　水喷嘴结构图

图 2-6　水喷嘴实物图

（2）混合腔

混合腔是汽液两相进行质量、动量以及能量交换的场所，是实现升压功能的重要部件，因此混合腔的结构对喷射器的性能有着重要的影响。混合腔是一个收缩-扩张形的变截面通道，如图 2-7 所示。为了保证汽液两相流的速度且防止阻力过大，混合腔喉部的面积等于或者略大于水喷嘴出口面积。为了减少壁面作用力，混合腔收缩角不宜过大；但收缩角度过小意味着收缩段长度会过大，此时汽液两相流在收缩段内的沿程阻力损失会过大。扩压段为圆锥形渐扩通道，其内部为单相流动，目的是进一步将水的动能转化为压力能。扩压段出口直径与出水管道直径一致，因此扩展角太小时渐扩通道会特别长，会产生较大的沿程阻力损失；扩展角度太大时渐扩通道内流体和壁面发生分离，由此导致的漩涡和流体相互碰撞会耗损更多的主流能量。根据文献[2]给出的关于圆锥形渐扩管局部损失系数的计算方法以及实验管路的限制条件，本实验渐扩段的扩展角取为 20°。

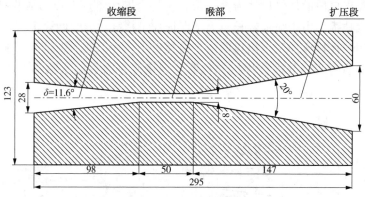

图 2-7　混合腔结构图

为了研究混合腔尺寸对汽液两相流升压特性的影响，设计了不同结构的混合腔。为了研究混合腔收缩段的影响，设计了收缩角分别为 8.3°、9.7°、11.6°、14.6°及 16.7°的混合腔，其具体尺寸如表 2-1 所示。为了研究混合腔通流性能的影响，设计了喉部直径分别为 7mm、8mm、9mm、10mm，其具体尺寸如表 2-2 所示。图 2-7 给出的是收缩角 $\delta=11.6°$、喉部直径为 8mm 的混合腔的结构设计示意图。

表 2-1　不同收缩角度的混合腔几何参数

收缩角/(°)	进口直径/mm	出口直径/mm	收缩段长度/mm	喉部长度/mm
8.3	14	8	138	30
9.7	14	8	118	50
11.6	14	8	98	70
14.6	14	8	78	90
16.7	14	8	68	100

表 2-2　不同喉部直径的混合腔几何参数

收缩角/(°)	进口直径/mm	喉部直径/mm	收缩段长度/mm	喉部长度/mm
11.6	14	7	103	65
11.6	14	8	98	70
11.6	14	9	93	75
11.6	14	10	88	80

（3）蒸汽喷嘴

蒸汽喷嘴是由水喷嘴外壁面与混合腔入口段内壁面配合形成的收缩-扩张形喷嘴，其进口通过三通阀与进汽管道连接，如图 2-8 所示。蒸汽经过蒸汽喷嘴加速后与过冷水接触从而进行质量、动量以及能量交换。蒸汽的速度、压力及温度等参数取决于蒸汽喷嘴的结构，且这些参数对相间的传递特性有着重要的影响，要研究这一复杂过程，需要设计不同的蒸汽喷嘴(喷嘴的通流面积以及设计压比)。

蒸汽发生器提供的是干饱和蒸汽，其等熵指数 $\kappa = 1.135$，临界压比 $\varepsilon_{cr} = 0.577$。设计蒸汽喷嘴时认为其内部流动为等熵流动，对于给定的进汽压力，根据等熵焓降可以计算出喷嘴喉部蒸汽的压力，进而求得喉部蒸汽的速度、比体积等参数。再根据蒸汽喷嘴喉部的面积就可以得到蒸汽喷嘴的设计流量。受蒸汽发生器最大蒸发量的限制，喷嘴的设计流量不能超过该蒸发量且要留有一定的裕量，保证实验时锅炉可以连续稳定地供汽。因此蒸汽喷嘴喉部的通流面积不宜过大；喉部通流面积过小，则水喷嘴外壁面与混合腔入口段内壁面间的间隙将非常小，此时对安装精度要求特别高，实验中很难实现，因此喉部通流面积也不宜过小。为了保证蒸汽流量有足够大的调节范围，本实验的进汽间隙在 2~5.5mm 之间，对应的喉部通流面积在 $161 \sim 361\text{mm}^2$ 之间。图 2-8 给出的是进汽间隙为 4.5mm 的蒸汽喷嘴结构示意图，其对应的喉部通流面积为 331mm^2。

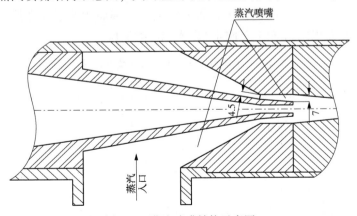

图 2-8　蒸汽喷嘴结构示意图

假设蒸汽喷嘴的背压足够低，扩张段内不会产生激波。对于上述设计流量和给定出口面积，通过迭代计算可以得到与该通流面积匹配的压力、速度、比体积、当地音速和马赫数。该压力与蒸汽喷嘴入口压力的比值称为设计压比，本书中用 ε 表示，蒸汽喷嘴出口面积与喉部面积的比值称为蒸汽喷嘴面积比 f_{sn}。图 2-9 和图 2-10 分别给出了设计压比及出口马赫数与蒸汽喷嘴面积比之间的关系。随着蒸汽喷嘴面积比的增加，其设计压比减小，出口马赫数增加。实验中所采用的蒸汽喷嘴面积比在 1.11 ~ 1.55 之间，对应的压比和马赫数分别位于 0.193~0.369 之间和 1.36~1.78 之间。图 2-8 所示的蒸汽喷嘴面积比为 1.39，对应的马赫数和压比分别为 1.67 和 0.236。

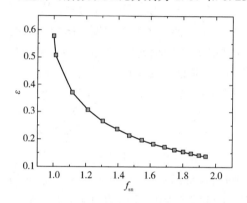

图 2-9　设计压比与面积比的关系

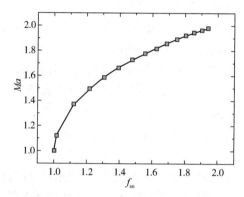

图 2-10　出口马赫数与面积比的关系

实验中通过修改水喷嘴外壁面来调整水喷嘴和混合腔的相对位置，从而改变蒸汽喷嘴的尺寸。通过修改水喷嘴出口段厚度，可以改变蒸汽喷嘴的出口面积，从而研究不同蒸汽喷嘴面积比对装置结构的影响。表 2-3 给出的是相同喉部面积下，不同出口面积的喷嘴尺寸。同时，调整蒸汽喷嘴喉部面积及出口面积，可以保证在蒸汽面积比相同的前提下，研究水喷嘴喉部面积对装置性能的影响。表 2-4 给出的是面积比相同时，不同喉部面积的喷嘴尺寸。

表 2-3　不同出口面积的蒸汽喷嘴几何参数

喉部面积/mm²	出口内径/mm	出口外径/mm	出口面积/mm²	面积比
297	9.5	14	332	1.11
297	9.0	14	361	1.21
297	8.5	14	388	1.30
297	8.0	14	414	1.39
297	7.0	14	461	1.55
297	5.5	14	520	1.75

表 2-4　不同喉部面积的蒸汽喷嘴几何参数

喉部面积/mm²	出口内径/mm	出口外径/mm	出口面积/mm²	面积比
161	11.2	14	224	1.39
198	10.4	14	276	1.39
233	9.6	14	325	1.39
268	8.8	14	373	1.39
300	7.9	14	418	1.39
331	7.0	14	461	1.39
361	6.0	14	502	1.39

（4）实验条件的选取

根据上述蒸汽喷嘴、水喷嘴和混合腔的结构，并考虑蒸汽发生器的工作压力、蒸发量和过冷水泵的流量及扬程，将实验中所选取的汽水状态参数以及装置的结构参数归纳如表 2-5 所示。

表 2-5　实验采用的汽水参数和结构参数

参数	取值
进水压力 $p_{0,w}$/MPa	0.2~0.8
进水温度 $t_{0,w}$/℃	20~60
进汽压力 $p_{0,s}$/MPa	0.15~0.40
蒸汽喷嘴喉部通流面积 A_{cr}/mm²	160~388
蒸汽喷嘴出口面积 $A_{1,sn}$/mm²	224~577
水喷嘴出口直径 $d_{1,wn}$/mm	8
混合腔喉部直径 d_{th}/mm	8、9、10
混合腔收缩角 δ/(°)	8.3~16.7
扩散段出口直径 $d_{3,df}$/mm	60

2.1.3　实验参数测量

（1）压力的测量

本实验中测量的压力有进汽压力、进水压力、出水压力以及实验段内部的压力。在蒸汽喷嘴进口和水喷嘴进口之前 20cm 处以及实验段出口之后 20cm 处分别安装了高精度的压力传感器以测量进汽压力、进水压力和出水压力。为了获得超音速汽液两相流升压装置内部的压力分布，混合腔腔体上开有 11 个测压孔，从左至右编号依次为 1~11。考虑到测压孔的尺寸，1 号测点距混合腔入口为 5mm 且各测点间距为 15mm，如图 2-11 所示。测压孔如图 2-12 所示，为了匹配压力传感器的压力接口，测压孔孔径为 3mm，顶端通过螺纹（M8×1.25）与引压管连接。引压管如图 2-13 所示，其顶端通过螺纹与压力传感器连接。本实验采用的绝对压力传感器为瑞士 Keller 公司生产的高温压力传感器，其量程为 0~2MPa，精度为 0.1%FS。

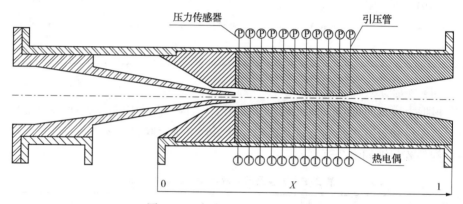

图 2-11　实验段测点布置示意图

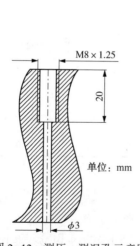

图 2-12　测压、测温孔示意图

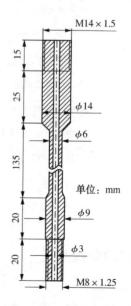

图 2-13　引压管示意图

（2）温度的测量

本实验需要测量进水温度、出水温度以及实验段内部的温度。水喷嘴进口之前 10cm 处以及实验段出口之后 10cm 处装有 K 型铠装热电偶，用于监测进水及出水温度。为了获得超音速汽液两相流升压装置内部的温度分布，混合腔腔体上开有 11 个测温孔，与测压孔的位置呈中心对称布置，如图 2-11 所示。测温孔如图 2-12 所示，插入直径为 2mm 的 K 型热电偶，其量程为 0～200℃，精度为 0.5%FS。为保证热电偶顶端与混合腔内壁平齐，且便于密封及固定热电偶，在其外侧加装了套筒，如图 2-14 所示。套筒下部通过螺纹与测温孔连接，上部加装铜质垫片后拧紧螺母，以固定热电偶并起到密封的作用。实验段、引压管、压力传感器、热电偶套筒及热电偶装配完毕后如图 2-15 所示。

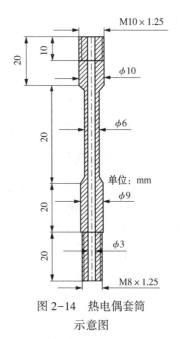

图 2-14　热电偶套筒示意图

图 2-15　实验段及测量系统实物图

（3）流量的测量

本实验需要测量进汽流量、进水流量及出水流量。其中进水流量及进汽流量通过流量计直接测得，出水流量通过质量守恒间接测量。进水流量由电磁流量计测量，电磁流量计经法兰连接在进水管路上，其公称压力为 1.6MPa，介质温度为 0～70℃，测量范围为 0.08～2.78kg·s^{-1}，测量精度为 0.2%FS。进汽流量通过科氏流量计测量，科氏流量计测量范围为 0.02～0.17kg·s^{-1}，测量精度为 0.5%FS。出水流量由装置的质量守恒计算所得，等于进水流量与进汽流量之和：

$$m_3 = m_{0,\mathrm{w}} + m_{0,\mathrm{s}} \tag{2-1}$$

式中　$m_{0,\mathrm{w}}$——进水流量，$\mathrm{kg \cdot s^{-1}}$；

　　　$m_{0,\mathrm{s}}$——进汽流量，$\mathrm{kg \cdot s^{-1}}$；

　　　m_3——出水流量，$\mathrm{kg \cdot s^{-1}}$。

2.1.4　实验数据处理

本实验研究了汽水参数及结构参数对中心进水-环周进汽型超音速汽液两相流升压装置整体性能的影响。实验共涉及三个独立的汽水参数：进汽压力，进水压力和进水温度。为了使分析结果更具有通用性，将蒸汽喷嘴、水喷嘴和混合腔的部分结构参数进行了无量纲处理，实验共涉及四个独立的结构参数。

（1）蒸汽喷嘴面积比

$$f_{\mathrm{sn}} = \frac{A_{1,\mathrm{sn}}}{A_{\mathrm{cr}}} \tag{2-2}$$

式中　f_{sn}——蒸汽喷嘴面积比；

　　$A_{1,\mathrm{sn}}$——蒸汽喷嘴出口面积，mm^2；

　　A_{cr}——蒸汽喷嘴喉部面积，mm^2。

蒸汽喷嘴面积比越大，蒸汽在喷嘴内膨胀会更加充分，喷嘴出口蒸汽压力越小，马赫数越大，其数值如表2-3所示。

（2）汽水面积比

$$f_{\mathrm{sn,wn}} = \frac{A_{\mathrm{cr}}}{A_{1,\mathrm{wn}}} \tag{2-3}$$

式中　$A_{1,\mathrm{wn}}$——水喷嘴出口面积，mm^2；

　　$f_{\mathrm{sn,wn}}$——汽水面积比。

该参数反映了蒸汽及水喷嘴通流面积的相对关系，装置进口参数一定时，改变汽水面积比可以改变进汽量与进水量的比例。其数值如表2-6所示。

表2-6　汽水面积比

蒸汽喷嘴喉部面积/mm²	水喷嘴出口面积/mm²	汽水面积比
161	50.24	3.21
198	50.24	3.95
233	50.24	4.65

蒸汽喷嘴喉部面积/mm²	水喷嘴出口面积/mm²	汽水面积比
268	50.24	5.33
300	50.24	5.97
331	50.24	6.59
361	50.24	7.18

（3）喉嘴面积比

$$f_{mc,wn} = \frac{A_{th}}{A_{1,wn}}$$ （2-4）

式中 A_{th}——混合腔喉部面积，mm²；

$f_{mc,wn}$——喉嘴面积比。

该参数决定了混合腔的阻力特性，体现了混合腔的通流能力。其数值如表 2-7 所示。

表 2-7 喉嘴面积比

混合腔喉部面积/mm²	水喷嘴出口面积/mm²	喉嘴面积比
38.47	50.24	0.77
50.24	50.24	1.00
63.59	50.24	1.27
78.50	50.24	1.56

（4）混合腔收缩角

混合腔收缩角 δ（图 2-7），体现了混合腔的收缩程度。

针对装置的引射性能及升压性能进行了研究。在中心进水-环周进汽型超音速汽液两相流升压装置中，冷水是工作流体，利用高速水射流形成的真空，将蒸汽引射进入装置内部。将被引射蒸汽的质量流量与冷水质量流量的比值定义为装置的引射率，其物理意义为单位质量的冷水所引射蒸汽的量，表示为：

$$\Phi = \frac{m_{0,s}}{m_{0,w}}$$ （2-5）

式中 Φ——引射率；

$m_{0,s}$——蒸汽质量流量，kg·s⁻¹；

$m_{0,w}$——冷水质量流量，kg·s⁻¹。

超音速汽液两相流升压装置最核心的功能是加压冷水，因此又被称为喷射泵或射流泵。传统水泵（离心泵、轴流泵等）的主要性能参数包括扬程、流量等。

本书用扬程这一性能参数来分析超音速汽液两相流升压装置的升压性能,体现了冷水在装置内压力能的增加量。

$$H = \frac{p_3 - p_{0,w}}{\rho_w g} \qquad (2\text{-}6)$$

式中　　H——装置的扬程,m;

　　　　p_3——出水压力,MPa;

　　　　$p_{0,w}$——进水压力,MPa;

　　　　ρ_w——冷水密度,kg·m^{-3};

　　　　g——重力加速度,m·s^{-2}。

2.2　实验操作步骤及注意事项

2.2.1　实验前准备工作

为保证实验正常进行,实验前要做好准备工作,工作步骤如下:

(1) 将生活用水进行处理以满足蒸汽发生器对水质的要求,且准备好充足的软化水以保证实验过程中蒸汽发生器可以连续地供应蒸汽;

(2) 给蒸汽发生器补水使其水位达到要求,然后将 10 组加热单元全部打开,当蒸汽发生器内蒸汽压力达到 0.1MPa 时打开与地沟连接的排污阀,将进汽管道内残留的凝结水排除,以防止蒸汽压力升高时发生水击;

(3) 蒸汽发生器内蒸汽压力维持在 0.6MPa 左右,以抵消进汽管道的阻力损失,并保证进汽压力的稳定且有一定的调节范围;

(4) 将给水箱 2(图 2-1)注入充足的冷水,以保证实验过程中过冷水的连续供应;

(5) 各管路系统分别进行打压实验,打压压力要略高于实验中的最高压力,并能在长时间内维持稳定,若达不到标准,需检查系统气密性,直至达到要求;

(6) 检查热电偶、压力传感器以及数据采集系统是否正常工作。

完成上述步骤,便可进行实验。

2.2.2　实验流程

根据实验目的不同,具体的操作步骤也有所不同。

(1) 开式循环实验

开式循环实验中阀门 1 是关闭的,在排水泵的作用下,高压热水经阀门 2 进入冷却塔冷却,然后再被泵入水箱 2 以循环使用,如图 2-1 所示。此时实验段的进水温度是恒定的,目的是研究进汽压力和进水压力对实验的影响。操作步骤如下:

① 关闭阀门1，打开阀门2，实验系统进入开式循环状态；

② 关闭进汽管道上的截止阀和调节阀，打开进水管道上的截止阀和调节阀以及实验段后的背压阀；

③ 开启给水泵，调节进水调节阀使进水压力稳定在0.2MPa，然后打开进汽截止阀并调节阀使进汽压力稳定在0.2MPa；

④ 缓慢关闭背压阀直至发生阻塞（发生阻塞工况后要迅速全开背压阀以保证实验系统的安全），此过程中实验段出口压力逐渐升高，记录各种出口压力下各测点压力、温度和流量的测量值；

⑤ 调节进水调节阀，使进水压力增加0.1MPa，重复步骤④；

⑥ 重复步骤⑤，直至进水压力增加到0.8MPa，然后再将进水压力调整为0.2MPa；

⑦ 调节进汽阀，使进汽压力增加0.1MPa，重复步骤④~⑥；

⑧ 重复步骤⑦，直至进汽压力增加到0.4MPa；

⑨ 实验结束后先关闭蒸汽发生器再关闭进汽截止阀，然后再关闭补水泵，最后关闭进水截止阀。

(2) 闭式循环实验

闭式循环实验中阀门2是关闭的，在排水泵的作用下，高压热水经阀门1进入水箱2，如图2-1所示。此时实验段的进水温度是逐渐升高的，目的是研究进水温度对实验的影响。操作步骤如下：

① 关闭阀门2，打开阀门1，实验系统进入闭式循环状态；

② 关闭进汽管道上的截止阀和调节阀，打开进水管道上的截止阀和调节阀以及实验段后的背压阀；

③ 开启给水泵，调节进水调节阀使进水压力稳定在0.2MPa，然后打开进汽截止阀和调节阀使进汽压力稳定在0.3MPa；

④ 缓慢关闭背压阀直至发生阻塞（发生阻塞工况后要迅速全开背压阀以保证实验系统的安全），此过程中实验段出口压力逐渐升高，记录各种出口压力下各测点压力、温度和流量的测量值；

⑤ 调节进水调节阀，使进水压力增加0.1MPa，重复步骤④；

⑥ 重复步骤⑤，直至进水压力增加到0.8MPa，然后再将进水压力调整为0.2MPa；

⑦ 开启排水泵，将水箱3中储存的热水经阀门1泵入水箱2，使水箱2中的冷水升温5℃，然后重复步骤④~⑥；

⑧ 重复步骤⑦，直至进水温度增加到60℃；

⑨ 实验结束后，先关闭蒸汽发生器再关闭进汽截止阀，然后再关闭补水泵，

最后关闭进水截止阀。

（3）结构参数对实验的影响

分别改变蒸汽喷嘴、水喷嘴和混合腔的结构参数，然后再进行开式循环及闭式循环实验，其实验步骤如上所述。

2.2.3 注意事项

由于本实验要用到高温高压的蒸汽，同时还涉及汽液两相流动，实验中必须要注意以下事项：

（1）作为压力容器以及大功率用电设备，要严格遵守蒸汽发生器炉的操作规程；

（2）定期对锅炉进行排污，并检查钠离子交换水处理系统，保证软化水的品质，防止锅炉内部结垢；

（3）实验中实时监控锅炉内水位，及时补水以防止锅炉干烧；

（4）时刻监测其内部压力，尽量防止超压后自动泄压（蒸汽发生器带有超压保护装置，但泄压时会造成很大的噪声污染，且浪费大量的高品质蒸汽影响实验的连续进行）；

（5）锅炉安全阀起跳后应立即停止实验，待锅炉泄压完毕后要更换安全阀或者重新检定，方可继续实验；

（6）实验中出现阻塞工况时要立即将背压阀开度开至最大，以防止冷水进入蒸汽管道发生水击事故；

（7）水箱3中储存的是热水，实验中要时刻监测其水位，根据实验需求进行处理以防止溢出发生烫伤事故；

（8）实验结束切断供汽后要继续给实验段供水一段时间降低实验管路的温度，以防止发生烫伤事故；

（9）实验结束后先关闭蒸汽发生器再关闭进汽阀，以防止电锅炉继续升压，导致安全隐患。

2.3 实验可靠性

2.3.1 实验段加工及安装精度

水喷嘴出口以及混合腔喉部直径较小，为保证加工精度，采用电火花机进行加工。蒸汽喷嘴是由水喷嘴外壁面与混合腔入口段内壁面配合形成，进汽间隙最小为2mm，因此，对安装精度也有很高的要求。本书利用进汽流量来验证实验段的加工及安装精度。

2.1.3 节中介绍了蒸汽流量的测量方法，由于本实验采用的是收缩-扩张形蒸汽喷嘴且背压低于其临界压比(0.577)对应的背压，因此，蒸汽流量达到了蒸汽喷嘴的临界流量。蒸汽喷嘴的临界流量可根据文献[141]给出的公式计算得到：

$$m_{cr} = A_{cr}\sqrt{2\ \frac{\kappa}{\kappa+1}\left(\frac{2}{\kappa+1}\right)^{\frac{2}{\kappa-1}}\frac{p_{0,s}}{v_{0,s}}} \tag{2-7}$$

式中 m_{cr}——蒸汽喷嘴的临界流量，$kg \cdot s^{-1}$；

A_{cr}——蒸汽喷嘴喉部通流面积，m^2；

κ——等熵指数；

$p_{0,s}$——进汽压力，Pa；

$v_{0,s}$——进汽比体积，$m^3 \cdot kg^{-1}$。

图 2-16 给出的是蒸汽流量的测量值与理论值的比较。其中理论值由公式(2-7)计算所得。测量值与理论值(等熵流动)之间的差距小于 8.5%，表明实验段的加工及安装精度满足实验要求。

2.3.2   蒸汽喷嘴运行状态

蒸汽喷嘴采用的是收缩-扩张形喷嘴，当进汽压力及设计压比一定时，随着蒸汽喷嘴背压的升高，其扩张段会出现正激波，而随着背压进一步增加，激波位置会向蒸汽喷嘴喉部移动。此时蒸汽质量流量虽然保持不变，但扩散段内流动变为亚音速，蒸汽无法在喷嘴内充分膨胀。图 2-17 给出的是不同进水压力下蒸汽喷嘴的背压。本实验中蒸汽喷嘴在负压状态下运行，随进水压力的增加，水流量及水喷嘴出口处的速度增加，高速水射流的卷吸作用增强，蒸汽喷嘴的背压略有降低。

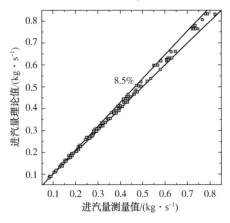

图 2-16   蒸汽流量测量值与
理论值的比较

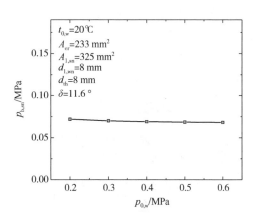

图 2-17   蒸汽喷嘴背压随进水
压力的变化

根据激波前后的压力关系：

$$\frac{p_n}{p_m} = 1 + \frac{2\kappa}{\kappa+1}(Ma_m{}^2 - 1) \qquad (2-8)$$

式中　p_m——波前压力，MPa；

　　　p_n——波后压力，MPa；

　　　Ma_m——波前马赫数。

假设激波恰好出现在蒸汽喷嘴出口，经过激波的突跃压缩，超音速蒸汽的压力与外界背压平衡，即 $p_n = p_b$。本实验中最小的设计压比为 0.193，对应的出口马赫数即波前马赫数为 1.78，最大的背压为 0.072MPa。根据公式（2-8）可得波前压力为：

$$p_m = \frac{\kappa+1}{\kappa(2Ma_m{}^2-1)+1}p_2 \qquad (2-9)$$

此时对应的进汽压力为：

$$p_{0,s} = \frac{p_m}{\varepsilon} = 0.113\text{MPa} \qquad (2-10)$$

而实验中最小进汽压力为 0.15MPa，因此蒸汽喷嘴内部不会发生激波，保证其可以按设计工况运行。

2.3.3　实验可重复性

实验可重复性是实验可靠性的重要指标之一。在相同的条件下分别进行了两次实验，以验证实验的可重复性。两次实验测量的装置内压力分布曲线如图 2-18 所示。出水压力由背压阀进行调节，由于实验中采用的背压阀的调节精度有限，而且最大出水压力工况属于极限工况，调节难度更大，此工况下两次测试结果中出水压力存在一定差异，但相对偏差小于 1.8%。除此以外，激波前各点的压力分布两次实验曲线基本重合，从而表明本书实验结果具有良好的重复性。

2.3.4　不确定度分析

由于系统误差与测量误差的存在，通常对测量结果进行不确定度分析，用评估误差对测量结果不确定程度的影响，来验证实验结果的可靠性。

采用 Moffat[142] 提出的方法进行不确定度分析。对于独立的直接测量量：

$$X_i = \overline{X}_i \pm \delta X_i \qquad (2-11)$$

式中　X_i——直接测量量；

　　　$\overline{X}_i$——直接测量量平均值；

δX_i——不确定度，$\delta X_i = tS_{(N)}/\sqrt{N}$，$N$ 为测量次数，$S_{(N)}$ 为标准偏差，t 由测量次数和置信概率决定，本实验测量次数为 6，置信概率为 0.95，$t = 2.57$。

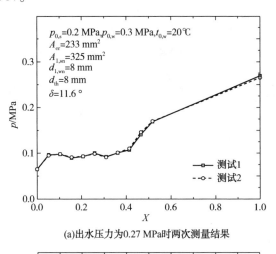

(a)出水压力为0.27 MPa时两次测量结果

(b)最大出水压力下两次测量结果

图 2-18　混合腔内压力分布

实验中有的参数不能直接测量，可看作直接测量量 X_1，X_2，$\cdots$，X_n 的函数，表示为 $Y = f(X_1，X_2，\cdots，X_n)$。根据误差传递，间接测量量 Y 的不确定度为：

$$\delta Y = \left[\sum_{i=1}^{n} \left(\frac{\partial Y}{\partial X_i} \delta X_i \right)^2 \right]^{1/2} \qquad (2-12)$$

根据实验所使用测量仪器的精度和不确定度分析方法，计算得到了本实验参数范围内温度、压力、进水量、进汽量、出水量、引射率及扬程的不确定度分别为 2.8%、0.8%、0.5%、0.9%、1.0%、1.0% 及 1.1%。

2.4　本章小结

　　本章介绍了超音速汽液两相流升压实验的实验目的：通过装置整体性能和内部流场的研究，为进一步超音速汽液两相流升压机理及其应用积累实验依据。介绍了实验系统中蒸汽发生器、水喷嘴、蒸汽喷嘴、混合腔、测量系统和数据采集系统的设计、结构和功能，在此基础上总结出了测试条件。介绍了相关参数的测量方法及实验数据处理方法；介绍了实验的流程、操作方法和注意事项。验证了实验系统的可靠性，验证了测试段的加工安装精度及各部件的运行状态，混合腔内压力场的两次重复测量结果表明，实验具有良好的可重复性，并且分析了实验结果的不确定度。

3 超音速汽液两相流升压装置性能研究

超音速汽液两相流升压装置在工业场合有着广泛的应用，其整体性能是各应用场合最为关注的问题，也是广大学者的重点研究方向。本书首先研究了冷水在装置内的升压过程；其次对中心进水-环周进汽型超音速汽液两相流升压装置稳定运行时的整体性能进行了系统的实验研究；最后分析了装置作为射流泵的特性曲线。实验共涉及三个独立的汽水参数(进汽压力、进水压力、进水温度)及四个独立的无量纲结构参数(蒸汽喷嘴面积比、汽水面积比、喉嘴面积比和混合腔收缩角)。

3.1 超音速汽液两相流升压过程

实验中保持进汽压力、进水压力和进水温度不变，缓慢关闭背压阀，装置的出水压力会逐渐升高，由此可获得装置内超音速汽液两相流升压过程，如图 3-1 所示，其中纵轴为装置内静压力 p，横轴为无量纲轴向距离 X。

从图 3-1 可以看出，随着背压的增加，凝结激波的位置向混合腔入口方向移动且强度增加，装置的出水压力也随之增加；但当背压过大时，凝结激波后的压力不足以克服背压以维持正常流动，此时流动会发生阻塞，装置不能正常工作。从图 3-1 还可以看出，随着出水压力的增加，激波前混合腔内各点的压力保持不变。这是由于混合腔内汽液两相流动处于超音速流动状态，下游的扰动不会影响到上游，也就是说出水压力的改变不会影响到蒸汽喷嘴和水喷嘴的工作状态，与传统的水泵相比，装置的流量不随出水压力的改变而改变。因此，超音速汽液两相流升压装置具有自适应且定流量的特性，在一定的压力范围内可以自动调节出水压力以匹配外部管网的阻力，同时管网内的流量保持不变。

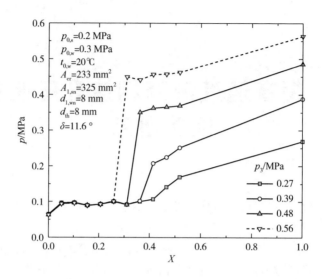

图 3-1   不同背压下的装置内超音速汽液两相流升压过程

3.2 汽水参数对装置性能的影响

3.2.1 汽水参数对引射率的影响

采用引射率来描述中心进水-环周进汽型超音速汽液两相流装置的引射性能，其物理意义是单位质量冷水所引射的蒸汽量，体现了装置的负荷承载能力，同时也是考核装置耗汽率的经济性指标。更重要的是引射率对装置的升压性能及㶲效率等整体性能有着重要的影响。引射率直接决定了进入混合腔内冷水和蒸汽的流量，从而影响混合腔内汽液两相流的空泡率。引射率过大或者过小会导致空泡率过大或者过小，此时汽液两相流的音速过高，马赫数过低，凝结激波的强度被削弱，严重影响装置的升压性能。因此有必要对装置的引射率进行系统的研究。

图 3-2 给出的是中心进水-环周进汽型超音速汽液两相流升压装置的引射率随进汽压力和进水压力的变化规律。从图中可以看出，引射率随着进汽压力的增加而增加，随着进水压力的增加而减小。这是因为：进汽压力增加，进汽量随之增加；同时，随着进汽压力的增加，混合腔内汽液两相流的压力增加导致水喷嘴的背压升高，所以，在进水压力一定的条件下进水量有所减少。本实验所采用的蒸汽喷嘴为收缩-扩张形喷嘴，实验中进水压力对蒸汽喷嘴运行状态不会产生影

响，即蒸汽喷嘴的流量不会随着进水压力的变化而变化；而进水压力增加，进水量随之增加，从而导致引射率降低。

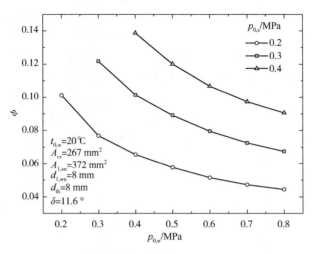

图 3-2　引射率随进汽压力和进水压力的变化规律

图 3-3 给出的是中心进水-环周进汽型超音速汽液两相流升压装置的引射率随进水温度的变化规律。由于采用的是收缩-扩张形蒸汽喷嘴，当进汽压力和进水压力一定时，进汽量是恒定的。但随着进水温度的升高，混合腔内汽液两相流的压力增加导致水喷嘴的背压升高，所以在进水压力一定时，进水量会降低。因此，装置的引射率随着进水温度的升高而增加，但当进水温度较高时（超过50℃），进水温度对引射率的影响会减弱。

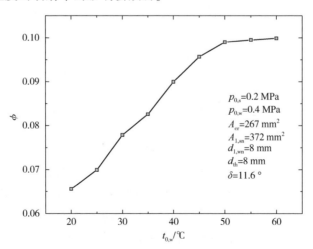

图 3-3　引射率随进水温度的变化规律

3.2.2 汽水参数对扬程的影响

从第3.1节的分析可知，超音速汽液两相流升压装置具有自适应的特性，即一定的背压范围内可以自动调节出水压力以匹配管网的阻力，同时保持管网内流量不变。但背压一旦超过某一值，装置内流动会发生阻塞，装置无法正常工作。而工业应用中最为关注的是超音速汽液两相流升压装置稳定运行时的整体性能，因此，有必要对装置稳定运行时的最大出水压力进行研究，以保证装置在各工业场合的安全运行。本实验系统研究了不同的汽水参数和结构参数对装置升压性能的影响规律，对装置在实际工业场合的经济性运行提供了指导，同时，为装置结构的优化设计，拓展其应用范围奠定了技术基础。

作为射流泵，用"扬程"这一性能参数来分析超音速汽液两相流升压装置的升压性能。图3-4给出的是装置的扬程随进汽压力和进水压力的变化规律。在本实验参数范围内，扬程随进汽压力的增加而增加。

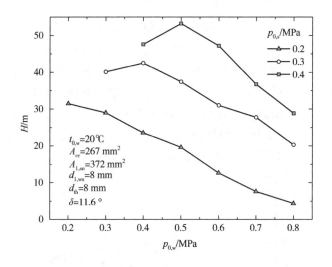

图3-4 扬程随进汽压力和进水压力的变化规律

由于蒸汽和冷水在混合腔内的碰撞作用，蒸汽的部分动量和动能传递给了冷水，也就是说冷水经过该装置后机械能增加，增加的这部分机械能来源于蒸汽的动能。一方面，当装置的结构参数和进水参数不变时，进汽压力越大，进汽量越大，且蒸汽喷嘴出口处的速度也越大，此时进入混合腔蒸汽的动能增加；另一方面，进汽压力对装置引射率影响非常明显，引射率随进汽压力的增加而显著增加，如图3-2所示。所以，适当地增加进汽压力可以在混合腔内形成一定空泡率的汽液两相流，此时两相流的音速较低，凝结激波的强度增加，装置的出水压力也随之增加。因此，在本实验参数范围内装置的扬程随着进汽压力的增加而增加。如果扩大进汽压力的调节范围，则需要调整蒸汽喷嘴的结构甚至装置的类型（中心进汽-环周进水型、中心进水-环周进汽型）。一方面，当进汽压力过低或者过高时，装置的引射率过低或者过高，混合腔内汽液两相流的空泡率过低或者过高导致其音速迅速增加。此时凝结激波的强度降低甚至无法产生凝结激波，装置的升压性能降低甚至丧失。另一方面，当进汽压力过低时，蒸汽喷嘴的实际压比远高于其设计压比，其渐扩段甚至喉部会产生正激波，激波过后压力急剧升高，流动变为亚音速，进入混合腔内蒸汽的速度降低，大大削弱了蒸汽和冷水在混合腔内的动量及能量交换。当进汽压力过高时，蒸汽喷嘴的实际压比远低于其设计压比，蒸汽在喷嘴内无法充分地膨胀加速，同时也增加了水喷嘴的背压，也会影响蒸汽和冷水在混合腔内的动量及能量交换。所以，在结构参数及进水参数一定的情况下，过低或者过高的进汽压力都会导致装置升压性能的恶化。当进汽压力在较大的范围内调节时，蒸汽喷嘴的结构（设计压比、喉部面积）要相应地做出变化以保证较好的升压性能，甚至要改变装置的类型，比如文献[12]曾指出，当进汽压力较高时，宜采用中心进汽-环周进水型超音速汽液两相流升压装置。

此外，从图3-4中还可以看出：当进汽压力较低时（0.2MPa），随着进水压力的增加，扬程减小；当进汽压力较高时（0.3MPa、0.4MPa），扬程随着进水压力的增加先增加后减小。当进汽压力较低时，装置的引射率较小，此时混合腔内蒸汽体积分数较小，汽液两相流音速较大，导致凝结激波强度较小；继续增加进水压力会进一步降低空泡率，进一步削弱凝结激波的强度并且进水量随之增加。因此，进汽压力较低时扬程随进水压力的增加而减小。在进汽压力较高的情况下，装置的引射率较高，此时适当地增加进水压力可以降低混合腔内汽液两相流的空泡率和马赫数，提高凝结激波的强度；但随着进水压力的进一步增加，空泡率降低导致马赫数变小，凝结激波强度降低，同时，进水压力增加，进水量也随之增加，装置的负荷增加。因此，当进汽压力较高时，随进水压力的增加，扬程呈现出先增加后减小的趋势。

图3-5给出的是装置的扬程随进水温度的变化规律。进水温度增加，混合腔内汽液两相流的压力也随之增加[12]，导致其速度降低；同时，两相流压力的增加使得水喷嘴背压升高，进水量减小，导致混合腔内空泡率增加，音速增加，汽液两相流的马赫数降低，凝结激波的强度降低；此外，进水温度的增加削弱了相间的质量传递，增加了汽液两相区范围，使得两相区摩擦损失增加。因此，其扬程也随进水温度的增加而降低。

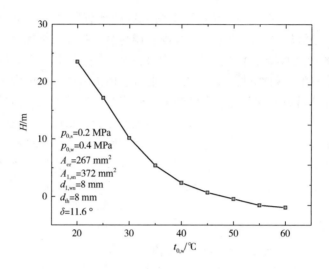

$p_{0,s}$=0.2 MPa
$p_{0,w}$=0.4 MPa
A_{cr}=267 mm^2
$A_{1,sn}$=372 mm^2
$d_{1,wn}$=8 mm
d_{th}=8 mm
δ=11.6 °

图 3-5　扬程随进水温度的变化规律

3.3　结构参数对装置性能的影响

3.3.1　结构参数对引射率的影响

图 3-6 给出的是超音速汽液两相流升压装置的引射率随蒸汽喷嘴面积比的变化规律。在进汽压力和蒸汽喷嘴喉部面积不变的条件下，随着蒸汽喷嘴面积比的增加，蒸汽喷嘴的流量不会发生变化，但蒸汽喷嘴出口处的压力降低。此时混合腔内汽液两相流的压力随之降低导致水喷嘴的背压降低，所以在进水压力一定的条件下，进水量增加。因此，装置的引射率随蒸汽喷嘴面积比的增加而增加。

图 3-7 给出的是超音速汽液两相流升压装置的引射率随混合腔收缩角度的变化规律。蒸汽在蒸汽喷嘴中膨胀加速至超音速然后进入混合腔。由于混合腔入口呈收缩形，所以超音速气流的方向发生内折从而产生压缩波，压缩波过后气流的速度降低压力升高[140]。混合腔收缩角度越大则超音速气流内折的角度越大，压缩波的强度越大。此时波后蒸汽压力增加，混合腔内汽液两相流压力增加导致水喷嘴的背压增加，所以在进水压力一定时进水量减少。因此，装置的引射率随混合腔收缩角的增加而增加，但影响比较微弱。

图 3-8 给出的是超音速汽液两相流升压装置的引射率随汽水面积比的变化规律。当进汽压力一定时，蒸汽喷嘴的流量随其喉部面积的增加而增加。因此，汽水面积比增加，装置的引射率随之增加。

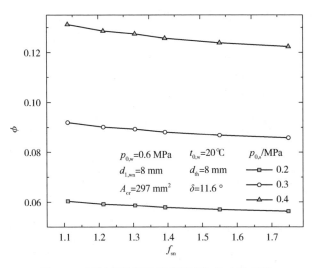

图 3-6　引射率随蒸汽喷嘴面积比的变化规律

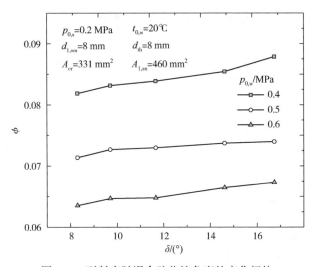

图 3-7　引射率随混合腔收缩角度的变化规律

　　图 3-9 给出的是混合腔喉嘴面积比对超音速汽液两相流升压装置引射率的影响规律。混合腔喉嘴面积比过小会增加其内部的流动阻力，如果其上游压力不变，混合腔喉部的流量将减小。但此时进汽量及进水量保持不变，所以无法保持装置内部流动的连续性。因此，混合腔喉嘴面积比变小时，其上游压力会增加，一方面增加了混合腔喉部的流量，另一方面减小了进水量，使其重新达到平衡。同理，当混合腔喉嘴面积比增加时，其上游压力会减小，一方面减小了混合腔喉

部的流量，另一方面增加了进水量，使混合腔内流动重新满足连续方程。因此，随喉嘴面积比的增加，装置的引射率逐渐降低，但趋势逐渐变缓。

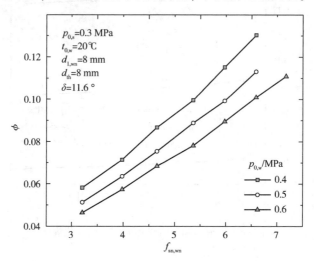

图 3-8　引射率随汽水面积比的变化规律

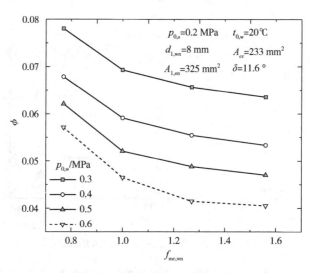

图 3-9　引射率随混合腔喉嘴面积比的变化规律

3.3.2　结构参数对扬程的影响

图 3-10 给出的是蒸汽喷嘴面积比对扬程的影响规律。蒸汽喷嘴面积比对装置引射率的影响很小，如图 3-6 所示，即装置的进汽量及进水量受蒸汽喷嘴面积比影响较小。但蒸汽喷嘴面积比对蒸汽喷嘴出口的蒸汽参数（速度、温度及压

力)影响很大。进汽压力一定时，随着蒸汽喷嘴面积比的增加，蒸汽在喷嘴内更加充分地膨胀，喷嘴出口位置蒸汽压力降低，进口蒸汽的可用能向动能的转化率增加。而喷嘴出口位置蒸汽速度的增加强化了混合腔内相间的质量、动量和能量交换，使得汽液两相流的速度及马赫数增加，提升了凝结激波的强度，装置的扬程也随之增加。但当蒸汽喷嘴面积比过大时，蒸汽喷嘴的实际运行压比远大于其设计压比，此时蒸汽喷嘴的渐扩段会产生正激波，激波过后蒸汽速度降低为亚音速。由于激波过程强烈的不可逆性，蒸汽的可用能向动能的转化率急剧降低，此时进入混合腔内蒸汽的动能降低，削弱了混合腔内相间的质量、动量和能量交换，最终使得汽液两相流的速度及马赫数降低，进而降低了凝结激波的强度，装置的扬程也随之降低。因此，随蒸汽喷嘴面积比的增加，装置的扬程呈峰值分布规律，即存在一个最佳的蒸汽喷嘴面积比，此时装置的升压性能最好。本实验中最佳蒸汽喷嘴面积比约为 1.3。

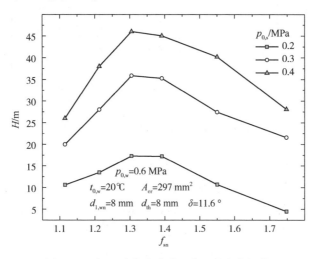

图 3-10　扬程随蒸汽喷嘴面积比的变化规律

图 3-11 给出的是混合腔收缩段的结构对扬程的影响规律。如果混合腔收缩角很小，意味着收缩段较长，大部分蒸汽在到达混合腔喉部之前已经凝结，导致混合腔喉部附近的空泡率较低，音速较高，且汽液两相流速度较低；此时两相流马赫数较低，降低了凝结激波的强度，装置升压性能恶化。同时，收缩段较长还会导致沿程阻力损失的增加，以往研究发现，汽液两相区的摩擦阻力损失远高于单相区，能导致非常可观的可用能损失[59]。一方面，如果混合腔收缩角很大，意味着收缩段很短，蒸汽和冷水之间的质量、动量和能量交换不够充分，导致喉部附近的空泡率较高，音速较高，且汽液两相流速度较高，从而导致较大的可用能损失。此时装置的升压性能也会恶化，而且收缩角度过大时壁面对流体的作用

力过大，阻碍其流动。另一方面，随着混合腔收缩角的增加，蒸汽喷嘴出口处压缩波的强度增加，导致蒸汽压力增加，速度降低，从而削弱了混合腔内相间的质量、动量及能量传递，恶化了装置的升压性能。因此，随着混合腔收缩角的增加，扬程呈峰值分布规律，即存在一个最佳的混合腔收缩角，此时装置的升压性能最好，本实验得到的最佳混合腔收缩角约为 12°。

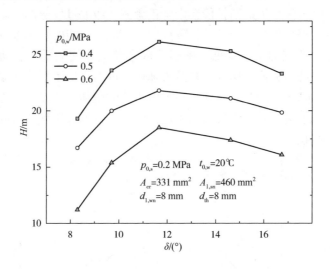

图 3-11 扬程随混合腔收缩角的变化规律

图 3-12 给出的是汽水面积比对扬程的影响规律。汽水面积比对蒸汽喷嘴和水喷嘴出口的状态影响不大，但对装置的引射率有着很大的影响，而合适的引射率可以保证较好的升压性能。另外，随着汽水面积比的增加，蒸汽流量增加使得进入混合腔内蒸汽的动能增加，而在超音速汽液两相流装置内蒸汽的动能最终转化为冷水的压力能。因此，综合两方面因素的影响，随着汽水面积比的增加，扬程先增加后减小，并且随着进水压力的增加，最佳汽水面积比增加。另一方面，随着进水压力的增加，进水量增加，为确保装置的升压性能，需要增加进汽量以维持一定的引射率。在进汽压力不变的情况下，只有增加蒸汽喷嘴的喉部面积才能增加进汽量，而蒸汽喷嘴喉部面积的增加使得汽水面积比随之增加。本实验中最佳蒸汽喷嘴面积比为 4.5~6。

图 3-13 给出的是混合腔喉嘴面积比对扬程的影响规律。一方面，混合腔喉嘴面积比过大会降低喉部汽液两相流的速度，从而使得马赫数降低，凝结激波强度随之降低。混合腔喉嘴面积比过小会导致流动阻力急剧升高，造成很大的水力损失。另一方面，随着混合腔喉嘴面积比的增加，装置的引射率减小，如图 3-9 所示，而合适的引射率会保证较好的升压性能。实验结果表明：混合腔喉嘴面积

比为 0.77 及 1.56 时，装置的升压性能较低；混合腔喉嘴面积比为 1 及 1.27 时，升压性能较好，且两者的升压性能差别不大。

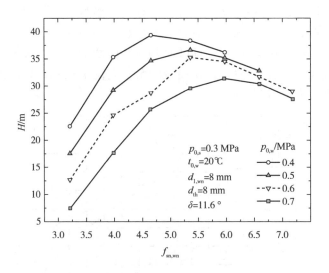

图 3-12　扬程随汽水面积比的变化规律

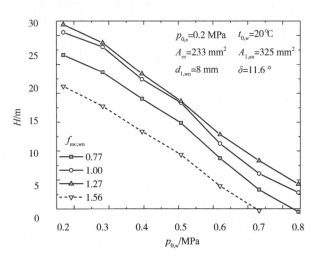

图 3-13　扬程随混合腔喉嘴面积比的变化规律

3.4　超音速汽液两相流升压装置性能曲线

对传统水泵而言，Q-H、Q-N、Q-η 三条曲线是在一定转速下水泵的基本性能曲线。其中 Q-H 曲线最为重要，它揭示了泵的两个最重要、最有实用意义的性能参数之间的关系。图 3-14 给出的是传统水泵三种不同的 Q-H 曲线[143]。通常按照其大致倾向，可将 Q-H 曲线分为三种：平坦型、陡降型和驼峰型，分别如图 3-14 中曲线 1、2、3 所示。具有平坦型 Q-H 曲线的泵，其扬程可以在较大的流量范围内基本保持恒定。具有陡降型 Q-H 曲线的泵，当流量变化时，其扬程变化相对较大。具有驼峰型 Q-H 曲线的泵，当流量从零开始增加时，其扬程先增加，达到最大值后开始减小。

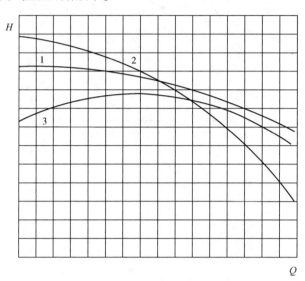

图 3-14　三种典型的 Q-H 曲线

具有驼峰性能的泵，在一定的运行条件下可能会出现不稳定工况[143]。当管路系统的静扬程大于泵的关死点扬程时，管路系统和泵的 Q-H 曲线有两个交点，即 K 点和 D 点，如图 3-15 所示，K 点为不稳定工作点。由于机械振动或者电压波动引起转速变化，泵的工况（流量、扬程等）就会离开 K 点。如果由于扰动，泵的流量增加，则泵的扬程将大于管道阻力，导致管道内流速变大，流量进一步增加，工况点继续向流量增大的方向移动，直至 D 点；同理，如果在 K 点处由于扰动，泵的流量减小，工况点会向流量减小的方向移动直至等于零。因此，工况点在 K 点只是暂时平衡，一旦偏离了 K 点，便很难再返回原点 K。D 点为稳定工作点。如果 D 点向流量增大方向偏离，则水泵提供的扬程将小于管道所需的水头，使得管路中的流速降低，流量减小，工况点将返回原点 D；同理，如果 D 点向流量减小的方向偏离，工况点最终也返回原点 D。因此，驼峰型曲线的上升段是工况不稳定区，而陡降型曲线及驼峰型曲线的下降段是工况稳定区。

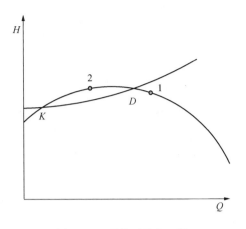

图 3-15　泵的不稳定工况

　　实验中通过调节进水压力来调节进水量，从而改变装置的流量，也得到了超音速汽液两相流升压装置的流量-扬程曲线，分为下降型及驼峰型两种。超音速汽液两相流升压装置具有自适应的特性，可在一定的压力范围内自动调节出水压力以匹配外部管网的阻力。如果由于机械振动导致装置进水量暂时增加，K 点向流量增加方向移动，装置提供的扬程将大于管路所需的水头。但由于装置具有自适应的特性，此时装置出水压力降低以匹配管路所需的消耗水头，避免了工况点继续向流量增大方向移动，待装置进水量恢复稳定后，工况点重新返回原点 K；同理如果 K 点暂时向流量减小方向移动，待装置进水量恢复稳定后，工况点也会返回原点 K。因此流量-扬程曲线的形状不会影响超音速汽液两相流升压装置的稳定运行。

　　图 3-16 给出的是不同进汽压力下装置的流量-扬程曲线。当进汽压力较高时，装置的流量-扬程曲线为驼峰型，装置的引射率较高，此时随着进水量的增加，装置的引射率逐渐降低。而合适的引射率可以保证装置有良好的升压性能，因此，扬程随流量的增加先增加后减小，流量-扬程曲线为驼峰型。当进汽压力较低时(0.2MPa)，装置的流量-扬程曲线为下降型，引射率也比较低，此时装置的扬程较小。随着进水压力的增加，引射率进一步降低，装置的扬程进一步减小，流量扬程曲线为下降型。

　　图 3-17 给出的是汽水面积比对装置流量-扬程曲线的影响。由于汽水面积比对装置的引射率影响较大，与进汽压力的影响类似，汽水面积比较小时，装置的流量-扬程曲线为下降型。汽水面积比较大时，装置的流量-扬程曲线为驼峰型，且随汽水面积比的增加，驼峰向水流量增加的方向移动。

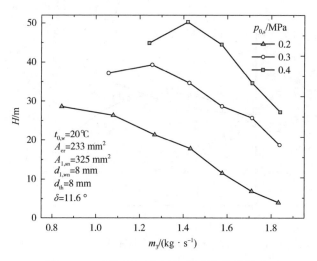

图 3-16　进汽压力对流量-扬程曲线的影响

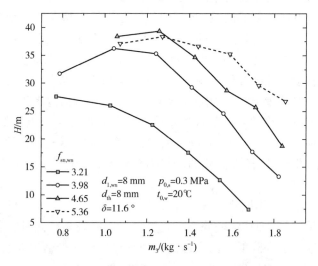

图 3-17　汽水面积比对流量-扬程曲线的影响

3.5　本章小结

　　本章首先定性分析了超音速汽液两相流升压装置内部的升压过程，然后定量研究了三个独立的汽水参数（进汽压力、进水压力及进水温度）和四个独立的结构参数（蒸汽喷嘴面积比、汽水面积比、喉嘴面积比及混合腔收缩角）对装置性能的影响，最后分析了装置的性能曲线。主要结论如下：

（1）随着装置背压的增加，凝结激波向上游移动且强度增加，装置的出水压力增加，但激波前混合腔内汽液两相流的压力保持不变，但背压过大时，混合腔内流动会发生阻塞，装置不能正常工作。即装置具有自适应的特性，在一定的压力范围内可以自动调节出水压力以匹配外部管网的阻力，同时保证管网内的流量保持不变。

（2）在本实验参数范围内，装置的引射率随进汽压力的增加而增加，随进水压力的增加而减小，随进水温度的增加而增加。当进汽压力较低时（0.2MPa），装置的扬程随进水压力的增加而减小；当进汽压力较高时（0.3MPa、0.4MPa），装置的扬程随进水压力的增加先增加后减小；装置的扬程随进水温度的增加而减小。

（3）装置的引射率随蒸汽喷嘴面积比、混合腔收缩角及汽水面积比的增加而增加，随喉嘴面积比的增加而减小，但蒸汽喷嘴面积比、混合腔收缩角及喉嘴面积比对装置引射率的影响较小。装置的扬程随蒸汽喷嘴面积比、混合腔收缩角、汽水面积比及喉嘴面积比的增加存在峰值。本实验中上述结构参数的最佳值约为：1.3、12°、4.5~6 及 1.27。

（4）与传统水泵类似，超音速汽液两相流升压装置也存在下降型及驼峰型两种流量-扬程曲线。由于装置具有自适应特性，其驼峰型曲线的上升段依然为工况稳定区。

4 超音速汽液两相流升压装置㶲分析

能量在互相转化及传递过程中，其量保持不变，但会导致质上的差异。因此，应将能量的"量"和"质"进行综合评价以衡量其使用价值。在给定的环境条件下，任何能量中能最大限度地转化为有用功的那部分称为该能量中的㶲，而不能转化为有用功的那部分称为该能量中的无效能。计算处于任意状态下的任意系统具有能量中的㶲时，是以环境状态作为基准，但是环境状态分为不完全平衡环境状态和完全平衡环境状态。因此，系统的㶲可以分为物理㶲和化学㶲两部分，如图4-1所示。当系统与环境只存在热或力不平衡时具有的㶲称为物理㶲E_{ph}。化学㶲E_{ch}是指处于不完全平衡状态的系统通过可逆的化学过程（化学反应、扩散），达到完全平衡状态时，能最大限度转化为有用功的那部分能量。超音速汽液两相流升压装置与环境及在装置内部不涉及化学过程，所以本书仅考虑了装置的物理㶲。

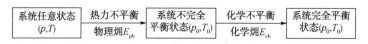

图 4-1 物理㶲及化学㶲示意图

为了确定用能系统（进行能量转化或交换的系统）中个别设备或整个系统能量损失的性质、大小、分布及探求提高能量利用率的方法和措施，可采用㶲分析法对系统或者过程进行评价。㶲分析法又被称为第二定律分析法，其主要方法是对系统或装置进行㶲平衡计算，其主要热力学指标为㶲效率，定义为：

$$\eta_e = \frac{E_{\text{gain}}}{E_{\text{pay}}} = \frac{E_{\text{pay}} - E_{\text{loss}}}{E_{\text{pay}}} \tag{4-1}$$

式中　η_e——系统的㶲效率；

E_{gain}——收益的㶲，W；

E_{pay}——消耗的㶲，W；

E_{loss}——㶲损失，W。

本章采用㶲分析的方法，分析了装置的热力学完善度及装置内各部分㶲损失，进而提出了压力烟分析模型来评价超音速汽液两相流升压装置的升压属性，并研究了汽水参数及结构参数对装置可用能传递效率的影响规律。

4.1 烟效率分析模型

4.1.1 烟效率

宏观运动的系统所具有的动能和势能是机械能的两种形式，它们都可以全部转化为功。因此，一个系统具有的动能和势能全部属于烟，与系统的压力及温度无关。对于稳定流动系统，其物理烟可表示为：

$$E_{ph} = (H-H_0) - T_0(S-S_0) + \frac{1}{2}mc^2 + mgz \qquad (4-2)$$

式中，$(H-H_0)-T_0(S-S_0)$ 即为稳流物质总能量中焓这一形式的能量所具有的可用能，称为焓烟。由于实验段水平放置，所以本书烟分析忽略了重力势能烟，只考虑了工质的焓烟及动能烟。

中心进水-环周进汽型超音速汽液两相流升压装置可看作一个稳定流动开口系统，如图4-2所示。因为是稳定流动系统，所以系统烟的变化 $\Delta E = 0$，系统对外输出的功也为0。假设系统处于绝热状态并忽略重力势能，系统输出的烟为：

$$E_{out} = E_{h,3} + \frac{1}{2}m_3 c_3^2 \qquad (4-3)$$

输入系统的烟为：

$$E_{in} = E_{h,0,w} + \frac{1}{2}m_{0,w}c_{0,w}^2 + E_{h,0,s} + \frac{1}{2}m_{0,s}c_{0,s}^2 \qquad (4-4)$$

系统的烟效率为：

$$\alpha = \frac{E_{out}}{E_{in}} = \frac{m_3 e_{h,3} + m_3 c_3^2/2}{m_{0,w}e_{h,0,w} + m_{0,w}c_{0,w}^2/2 + m_{0,s}e_{h,0,s} + m_{0,s}c_{0,s}^2/2} \qquad (4-5)$$

式中　α——系统的烟效率；

E_{out}——系统输出的物理烟，W；

E_{in}——输入系统的物理烟，W；

$E_{h,0,w}$——进口冷水的焓烟，W；

$E_{h,0,s}$——进口蒸汽的焓烟，W；

$E_{h,3}$——出口热水的焓烟，W；

$m_{0,w}$——进口冷水质量流量，$kg \cdot s^{-1}$；

$m_{0,s}$——进口蒸汽质量流量，$kg \cdot s^{-1}$；

m_3——出口热水质量流量，$kg \cdot s^{-1}$；

$c_{0,w}$——进口冷水流速，$m \cdot s^{-1}$；

$c_{0,s}$——进口蒸汽流速，$m \cdot s^{-1}$；

c_3——出口热水流速，$m \cdot s^{-1}$。

根据引射率定义式(3-4)，式(4-5)可简化为：

$$\alpha = \frac{(1+\phi)(e_{h,3}+c_3^2/2)}{(e_{h,0,w}+c_{0,w}^2/2)+\phi(e_{h,0,s}+c_{0,s}^2/2)} \tag{4-6}$$

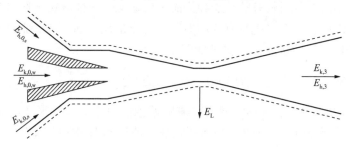

图4-2　超音速汽液两相流升压系统㶲平衡示意图

㶲效率反映了可用能的利用程度，它从能量品质的角度来评价热力过程或者设备的完善程度，本书采用了㶲效率这一指标来评价中心进水-环周进汽型超音速汽液两相流升压装置的热力学完善度。

4.1.2　汽水参数对㶲效率的影响

图4-3给出的是超音速汽液两相流升压装置的㶲效率随进汽压力和进水压力的变化规律。从图中可以看出，㶲效率随进汽压力的增加而增加，随进水压力的增加而减小。这是因为随进汽压力的增加，装置的引射率增加(图3-2)，导致装置出水温度增加，从而减小了装置的平均换热温差，温差传热导致的不可逆性降低，装置㶲损失减小，㶲效率增加；而随着进水压力的增加，装置的进水量迅速增加，但进汽量保持不变，因此装置的引射率降低(图3-2)，导致出水温度降低，从而增加了换热量及平均换热温差，温差传热导致的不可逆性增加，装置㶲损失增加，㶲效率减小。

图4-4给出的是超音速汽液两相流升压装置的㶲效率随进水温度的变化规律。随进水温度增加，装置的进水量减小，但进汽量保持不变，因此装置的引射率增加(图3-3)。此时装置的换热量及平均换热温差随之减小，温差传热导致的不可逆性降低，装置的㶲损失减小，㶲效率增加。

实际上装置的㶲效率主要由其引射率决定。随着装置引射率的增加，其出水温度增加，从而减小了装置内平均换热温差，而平均换热温差直接决定了热量传递过程的不可逆程度。因此装置的㶲效率随引射率的增加而增加，反之亦然[93,96]。

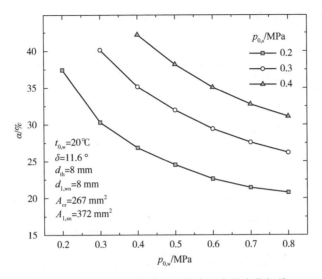

图 4-3　㶲效率随进汽压力和进水压力的变化规律

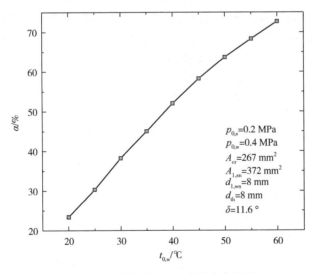

图 4-4　㶲效率随进水温度的变化规律

4.1.3　结构参数对㶲效率的影响

图 4-5 给出的是超音速汽液两相流升压装置的㶲效率随蒸汽喷嘴面积比的变

化规律。与汽水参数的影响规律一样，结构参数也是通过影响装置的引射率来影响其㶲效率。随蒸汽喷嘴面积比的增加，装置的引射率减小（图3-6），总的换热量及平均换热温差随之增加，装置的㶲损失增加。

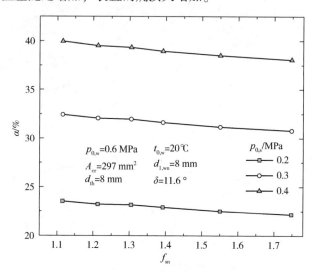

图 4-5　㶲效率随蒸汽喷嘴面积比的变化规律

　　图 4-6 给出的是超音速汽液两相流升压装置的㶲效率随混合腔收缩角的变化规律。随混合腔收缩角的增加，装置的引射率增加（图3-7），装置内温差传热导致的不可逆性降低，装置的㶲损失减小，㶲效率减小。

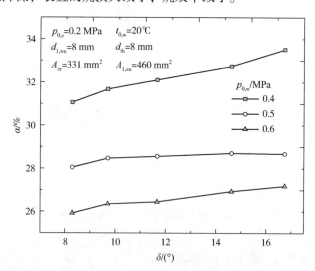

图 4-6　㶲效率随混合腔收缩角度的变化规律

　　图 4-7 给出的是超音速汽液两相流升压装置的㶲效率随汽水面积比的变化规

律。随汽水面积比的增加，装置的引射率显著增加(图3-8)。此时装置进水量变化不大，进汽量显著增加，使得总换热量增加；同时，装置出水温度也显著增加，使得平均换热温差减小，且该因素对㶲损失影响更大。因此，随汽水面积比的增加，温差传热导致的不可逆性降低，㶲效率增加。此外，汽水面积比对装置㶲效率影响较大。

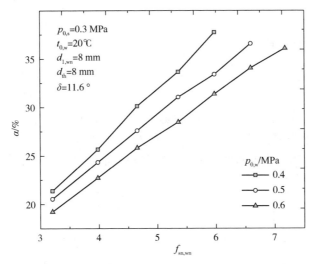

图4-7　㶲效率随汽水面积比的变化规律

图4-8给出的是超音速汽液两相流升压装置的㶲效率随混合腔喉嘴面积比的变化规律。随着混合腔喉部面积比的增加，装置的引射率减小(图3-9)，此时装置温差传热导致的不可逆性增加，装置㶲损失增加。

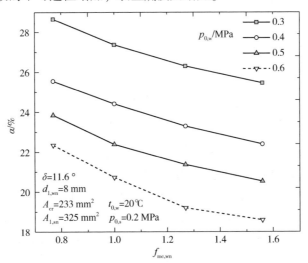

图4-8　㶲效率随混合腔喉嘴面积比的变化规律

装置的㶲效率主要由其引射率决定，而汽水面积比是影响装置引射率的关键性结构参数，因而也是影响装置㶲效率的关键参数，而蒸汽喷嘴面积比、混合腔收缩角及喉嘴面积比对引射率影响较小，因而对装置㶲效率的影响也较小。

4.2 压力㶲效率分析模型

4.2.1 压力㶲效率

㶲效率可以反映装置的热力学完善度，部分学者曾对装置的㶲效率进行研究。随进水温度的升高，温差传热的不可逆性降低，装置的㶲效率升高，如图 4-9[96] 所示。但装置的升压性能却随进水温度的升高而降低，当进水温度超过 50℃ 以后，装置甚至失去升压能力（图 3-5）。因此，作为升压设备，仅仅采用㶲效率这一指标无法全面地评价装置的整体性能，需要引入新的㶲分析指标来评价装置的升压属性。

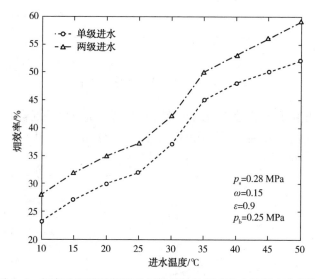

图 4-9　超音速汽液两相流升压装置㶲效率随进水温度变化规律

对一个系统而言，输入的㶲不一定是㶲代价，而输出的㶲也不一定是㶲收益。在系统的所有输入㶲和输出㶲中，哪些是收益㶲需视各类热工设备或装置而定，即使对某一具体的热工设备，也要视所分析的目标和当时的工作条件而定[144]。为确定系统的㶲代价及㶲收益，首先要分析几种主要形态能量的物理㶲。本书主要涉及机械能量形式的㶲和焓㶲。其中，在给定的环境状态下，稳流物质的焓㶲可以看作状态参数，因此可以看作温度与压力的函数，即：

$$e(T,\ p)=(h-h_0)-T_0(s-s_0) \tag{4-7}$$

取微分得到：

$$\mathrm{d}e(T,\ p)=\mathrm{d}h-T_0\mathrm{d}s \tag{4-8}$$

根据热力学基本关系

$$\mathrm{d}h=T\mathrm{d}s+v\mathrm{d}p \tag{4-9}$$

可得：

$$\mathrm{d}e(T,\ p)=(T-T_0)\mathrm{d}s+v\mathrm{d}p \tag{4-10}$$

比熵的全导数为：

$$\mathrm{d}s=\left(\frac{\partial s}{\partial T}\right)_p\mathrm{d}T+\left(\frac{\partial s}{\partial p}\right)_T\mathrm{d}p \tag{4-11}$$

且定压过程中

$$\left(\frac{\partial s}{\partial T}\right)_p=\frac{c_p}{T} \tag{4-12}$$

再利用麦克斯韦关系

$$\left(\frac{\partial s}{\partial p}\right)_T=-\left(\frac{\partial v}{\partial T}\right)_p \tag{4-13}$$

将式(4-12)、式(4-13)代入式(4-11)后再代入式(4-10)得：

$$\mathrm{d}e(T,\ p)=c_p\left(1-\frac{T_0}{T}\right)\mathrm{d}T+\left[v-(T-T_0)\left(\frac{\partial v}{\partial T}\right)_p\right]\mathrm{d}p \tag{4-14}$$

将式(4-14)积分后可得：

$$e(T,\ p)=\int_{T_0,\ p}^{T,\ p}c_p\left(1-\frac{T_0}{T}\right)\mathrm{d}T+\int_{p_0,\ T_0}^{p,\ T_0}v\mathrm{d}p=e_T+e_p \tag{4-15}$$

式中

$$e_T=\int_{T_0,\ p}^{T,\ p}c_p\left(1-\frac{T_0}{T}\right)\mathrm{d}T=e_{T,\ p}-e_{T_0,\ p} \tag{4-16}$$

$$e_p=\int_{p_0,\ T_0}^{p,\ T_0}v\mathrm{d}p=e_{T_0,\ p}-e_{T_0,\ p_0}=e_{T_0,\ p} \tag{4-17}$$

也就是说，稳流物质的焓㶲可以分解为在压力 p 下由于系统与环境之间的热不平衡(即存在温差 $T-T_0$)而具有的㶲(称为温度㶲)，及在环境温度 T_0 时，由于系统与环境之间的压力不平衡(即存在压差 $p-p_0$)而具有的㶲(称为压力㶲)两部分。从温度㶲和压力㶲的定义可以看出，不管系统与环境间是否存在热平衡，压力㶲可直接(通过膨胀)转化为有用功。但温度㶲则不然，只有系统与环境间同时存在力不平衡时，才能直接转化为有用功；若不存在力不平衡，温度㶲就不可能直接转化为有用功。也就是说要将温度㶲转化为有用功，须借助压差(比如气体在喷嘴中的膨胀加速过程，如图4-10所示)或者可逆热机。

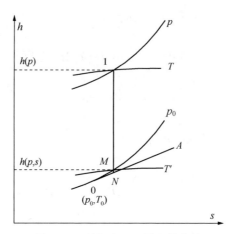

图 4-10　焓㶲在 h-s 图上的表示

图 4-10 中点 0 表示环境状态，点 1 为给定的状态。直线 $0A$ 为环境压力定压线的切线，线段 $1M$ 为等熵膨胀过程的焓降，线段 $1N$ 即是点 1 在给定状态下稳流物质的焓㶲。在膨胀的过程中，物质的压力㶲转化为有用功，同时物质的温度随之降低，借助物质与环境间力的不平衡，其温度㶲也转化为有用功。因此，在一定意义上也可以说压力㶲比温度㶲使用价值更高，更为宝贵。

上述温度㶲及压力㶲推导过程是基于理想气体假设。根据压力㶲物理意义，不可压缩流体的压力㶲可表示为：

$$e_p = v \cdot (p - p_0) \tag{4-18}$$

在计算㶲值时，通常选取环境温度 T_0 为 293.15K，环境压力 p_0 为 0.1MPa。但在该状态下，蒸汽不存在，以液态水的形式出现，所以蒸汽的温度㶲和压力㶲不能直接用公式(4-16)和公式(4-17)计算。也就是说物质在给定状态与环境状态存在相变时，上述计算公式不再适用。物质的温度㶲本质上是其在定压吸热过程中吸热量所具有的可用能。如果定压吸热过程发生了相变，其吸热量可分为三部分：液相定压加热至饱和温度的吸热量，相变过程吸热量(潜热)，气相定压加热至过热状态的吸热量。这三部分总的吸热量所具有的㶲即为蒸汽的温度㶲，可表示为：

$$e_t = \int_{T_0,\,p}^{T_{\text{sat}},\,p} c_{p,\,\text{w}} \left(1 - \frac{T_0}{T}\right) dT + \gamma \left(1 - \frac{T_0}{T_{\text{sat}}}\right) + \int_{T_{\text{sat}},\,p}^{T_s,\,p} c_{p,\,\text{s}} \left(1 - \frac{T_0}{T}\right) dT \tag{4-19}$$

式中　$c_{p,\text{w}}$——水的定压比热容，$\text{J} \cdot \text{kg}^{-1} \cdot \text{K}^{-1}$；

　　　T_{sat}——压力 p 下蒸汽的饱和温度，K；

　　　T_s——蒸汽温度，K；

$c_{p,s}$——蒸汽的定压比热容，J·kg^{-1}·K^{-1}；

γ——汽化潜热，J·kg^{-1}。

本书采用的是饱和蒸汽，其吸热量只包含前两部分，其温度㶲可表示为水定压加热至饱和状态时吸收的热量所具有的可用能及相变过程中吸收的热量所具有的可用能，公式(4-19)可简化为：

$$e_t = \int_{T_{0,p}}^{T_{\text{sat},p}} c_{p,w} \left(1 - \frac{T_0}{T}\right) \mathrm{d}T + x \cdot \gamma \left(1 - \frac{T_0}{T_{\text{sat}}}\right) \tag{4-20}$$

式中　x——蒸汽干度。

对于超音速汽液两相流升压装置而言，升压能力是其最核心的性能指标。从热力学第二定律的角度出发，采用㶲分析法评价超音速汽液两相流升压装置性能时，装置出口工质的动能㶲和压力㶲是其直接的㶲收益，装置的㶲收益最终来源于进口工质的物理㶲，其㶲代价为输入系统的物理㶲。因此，本书引入压力㶲效率来评价装置的升压性能，表示为：

$$\beta = \frac{E_{p,3} + E_{k,3}}{E_{\text{in}}} = \frac{(1+\phi) \cdot (c_3^2/2 + e_{p,3})}{\phi \cdot (c_{0,s}^2/2 + e_{h,0,s}) + (c_{0,w}^2/2 + e_{h,0,w})} \tag{4-21}$$

式中　β——压力㶲效率；

ϕ——装置的引射率；

$e_{p,3}$——出口热水的比压力㶲，J·kg^{-1}；

$e_{h,0,w}$——进口冷水的比焓㶲，J·kg^{-1}；

$e_{h,0,s}$——进口蒸汽的比焓㶲，J·kg^{-1}；

$c_{0,w}$——进口冷水流速，m·s^{-1}；

$c_{0,s}$——进口蒸汽流速，m·s^{-1}；

c_3——出口热水流速，m·s^{-1}。

4.2.2　汽水参数对压力㶲效率的影响

图 4-11 及图 4-12 给出的是超音速汽液两相流升压装置的压力㶲效率随汽水参数的变化规律，该规律与汽水参数对㶲效率的影响规律相反。超音速汽液两相流升压装置无须外部动力输入，该装置由蒸汽驱动。蒸汽在环形收缩-扩张形喷嘴内膨胀，其焓㶲首先转化为蒸汽的动能㶲，再通过相间的质量、动量及能量传递，蒸汽的动能㶲转化为水的动能㶲，最终再转化为水的压力㶲。因此，装置的㶲代价最终来源于蒸汽的焓㶲。随着进汽压力的增加，进汽量显著增加使得装置的㶲代价大幅增加，而装置的出水压力增加幅度不大，装置出水的压力㶲增加幅度不大，即装置的㶲收益增加不大，所以装置的压力㶲效率随之降低。随着进水压力的增加，出水压力增加，即进水及出水的比压力㶲均增加，但出水流量更

大，装置的㶲收益增加；同时由于采用了收缩-扩张形蒸汽喷嘴，随进水压力的增加，进汽量保持不变，即装置的㶲代价基本不变，所以装置的压力㶲效率随进水压力的增加而增加。

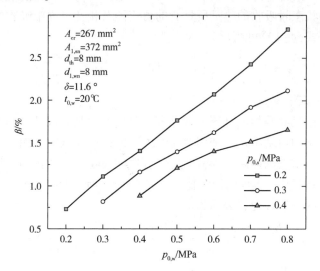

图 4-11　压力㶲效率随进汽压力和进水压力的变化规律

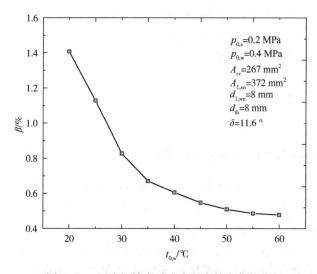

图 4-12　压力㶲效率随进水温度的变化规律

图 4-12 给出的是超音速汽液两相流升压装置的压力㶲效率随进水温度的变化规律。与㶲效率变化规律相反，随进水温度的增加，装置的出水压力显著降低，当进水温度超过 50℃后，装置甚至失去升压性能(图 3-5)。因此，水温度

增加，装置总的物理㶲收益随其有所增加，但压力㶲收益大幅降低，甚至消失，导致装置的压力㶲效率降低。

汽水参数对压力㶲效率的影响规律也进一步表明：采用压力㶲效率模型能更具体地描述相间可用能的转化、传递及衰变规律，能更加合理地描述超音速汽液两相流的升压特性。

4.2.3 结构参数对压力㶲效率的影响

图 4-13 给出的是超音速汽液两相流升压装置的压力㶲效率随蒸汽喷嘴面积比的变化规律。随蒸汽喷嘴面积比的增加，装置的进汽量不变，引射率增加但变化不大(图 3-6)，即蒸汽喷嘴面积比对装置的㶲代价影响不大，但装置的扬程随蒸汽喷嘴面积比的增加呈峰值分布规律(图 3-10)，即随蒸汽喷嘴面积比的增加，装置的㶲收益存在峰值。因此，存在一个最佳的蒸汽喷嘴面积比，此时装置的压力㶲效率最高。本实验中的最佳蒸汽喷嘴面积比为 1.3~1.4。

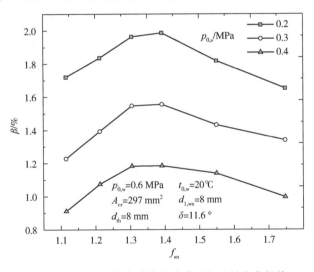

图 4-13　压力㶲效率随蒸汽喷嘴面积比的变化规律

图 4-14 给出的是超音速汽液两相流升压装置的压力㶲效率随混合腔收缩角的变化规律。随混合腔收缩角的增加，装置的进汽量保持不变，引射率略有增加，但变化不大(图 3-7)，即混合腔收缩角对装置的㶲代价影响不大，但装置的扬程随混合腔收缩角的增加存在峰值(图 3-11)，即随混合腔收缩角的增加，装置的㶲收益存在峰值。因此，存在一个最佳的混合腔收缩角，此时装置的压力㶲效率最高。本实验中的最佳混合腔收缩角为 12°。

图 4-15 给出的是超音速汽液两相流升压装置的压力㶲效率随汽水面积比的变化规律。随汽水面积比的增加，装置的引射率显著增加(图 3-8)，即装置的进

汽量增加使得㶲代价显著增加，但装置的扬程随汽水面积比的增加存在峰值（图 3-12），即随汽水面积比的增加装置的㶲收益存在峰值。进水压力较小时（0.4MPa），装置的进水压力㶲也比较小，但此时装置的扬程是最大的，即输入㶲向水的压力㶲转化程度较高。综合上述三方面因素，在进水压力较小时（0.4MPa），随汽水面积比的增加，装置的压力㶲效率呈峰值规律分布，即存在一个最佳的汽水面积比，此时装置的压力㶲效率最高，本实验中的最佳汽水面积比为 4，进水压力较大时（0.5MPa、0.6MPa），装置的进水压力㶲也比较大，在本实验参数范围内，装置的压力㶲效率随汽水面积比的增加，呈现出单调递减的趋势。

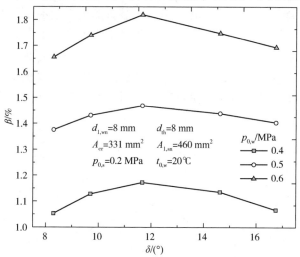

图 4-14　压力㶲效率随混合腔收缩角的变化规律

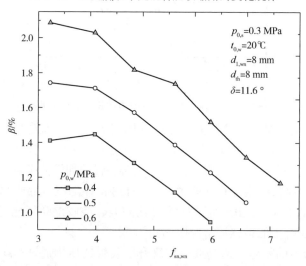

图 4-15　压力㶲效率随汽水面积比的变化规律

图 4-16 给出的是超音速汽液两相流升压装置的压力㶲效率随喉嘴面积比的变化规律。随喉嘴面积比的增加，装置的进汽量不变且引射率变化不大（图 3-9），即喉嘴面积比对装置的㶲代价影响不大，但装置的扬程随喉嘴面积比的增加存在峰值（图 3-13），即随喉嘴面积比的增加，装置的㶲收益呈峰值分布规律。因此，存在一个最佳的喉嘴面积比，此时装置的压力㶲效率最高。本实验中的最佳喉嘴面积比为 1.27。

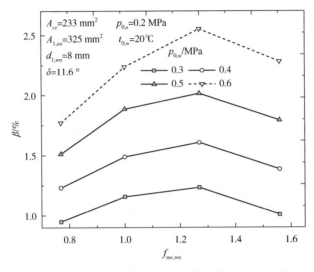

图 4-16 压力㶲效率随混合腔喉嘴面积比的变化规律

4.3 㶲损失分析模型

㶲分析法弥补了单纯从能量"数量"的角度来分析系统或者热力过程的不足，从而对系统及热力过程（例如各种实际循环过程、温差传热和绝热节流）的热力学完善度进行分析。常规的㶲分析方法可以指出热力过程改进的潜力，但无法证明其可行性，因为它未考虑热力过程所必需的驱动力。实际上，热力过程的进行需要一定的驱动力，包括温度差、压力差和化学势差等。驱动力越大，过程进行得越快，过程的不可逆性越强，㶲损失就越大。根据热力学第二定律，在传热过程中温度差越大，㶲损失就越大，但要实现该传热过程，必须有一最小温差。这一最小温差即为实现该传热过程所必需的驱动力，其导致的㶲损失是不可避免的。而超过该最小温差所导致的㶲损失则是可避免的㶲损失，可通过强化传热来减少。这种不可避免的㶲损失随过程的不同而不同。

4.3.1 烟损失模型

在超音速汽液两相流升压装置内，汽相的压力烟和部分温度烟首先转化为动能烟，高温高速蒸汽的动能烟及温度烟通过质量、动量及能量传递，再进一步转化为液相水的压力烟、温度烟及动能烟。该过程的驱动力为两相间压力差、速度差及温差，因此，该过程将产生大量不可避免的烟损失。同时，单相区的流动也不可避免地存在着摩擦，从而发生动能耗散，进一步增加了过程的不可逆性。本节将分别研究装置各部分的烟损失，特别是不可避免烟损失，不仅指出了装置性能提升的潜力，而且指出了提升的可行性。

(1) 蒸汽喷嘴烟损失

由于流体存在黏性，在流动过程中不可避免地存在着摩擦，从而发生动能耗散，使气流在相同压降时的实际流速比理想情况下流速小。由于摩擦造成喷嘴出口速度下降，动能随之减小，在工程上常用喷嘴效率来度量[141]。

$$\eta = \frac{h_{0,s} - h_{1,s}}{h_{0,s} - h_{1,s,i}} \tag{4-22}$$

由于不可逆流动损失的焓降为：

$$\Delta h_{\text{irr,sn}} = h_{1,s} - h_{1,s,i} = (1 - \eta)(h_{0,s} - h_{1,s,i}) \tag{4-23}$$

蒸汽喷嘴烟损失为：

$$E_{\text{L,sn}} = m_{0,s} \cdot \Delta h_{\text{irr,sn}} \tag{4-24}$$

文献[141]给出的喷嘴效率 η 为 0.9~0.99，且建议渐缩喷管可取较大值，收缩-扩张形喷管取较小值。由于本实验采用的是环形收缩-扩张形喷嘴，所以其效率取为 0.9。同时，上述计算过程中蒸汽的状态参数可由 $h = h(p)$、$s = s(p)$ 及 $h = (p, s)$ 计算。

(2) 水喷嘴烟损失

水在喷嘴中流动的水力损失包含沿程阻力损失和局部阻力损失两部分。[140]

$$H_{\text{L,wn}} = f_{0,\text{wn}} \frac{l_{0,\text{wn}}}{D_{0,\text{wn}}} \frac{c_{0,\text{w}}^2}{2g} + \left(f_{1,\text{wn}} \frac{l_{1,\text{wn}}}{D_{1,\text{wn}}} + \zeta_{\text{wn}} \right) \frac{c_{1,\text{w}}^2}{2g} \tag{4-25}$$

摩擦系数可根据 Colebrook 公式迭代求解：

$$\frac{1}{\sqrt{f}} = -2.0 \log \left(\frac{\Delta/D}{3.7} + \frac{2.51}{Re\sqrt{f}} \right) \tag{4-26}$$

文献[140]给出了渐缩管局部损失系数计算方法，结合喷管尺寸，本书水喷嘴的局部损失系数为 0.05(以下游管道速度头作基准)。所有的水力损失以热量的形式耗散，由此导致的熵产为：

$$S_{g,\text{wn}} = \frac{m_{0,\text{w}} g H_{\text{L,wn}}}{T_{0,\text{w}}} \tag{4-27}$$

水喷嘴㶲损失为：

$$E_{\mathrm{L,wn}} = T_0 S_{\mathrm{g,wn}} = T_{\mathrm{e}} \frac{m_{0,\mathrm{w}} g H_{\mathrm{L,wn}}}{T_{0,\mathrm{w}}} \qquad (4-28)$$

（3）汽液两相区不可避免㶲损失

由于汽液两相速度差的存在，汽液两相以"碰撞"的形式进行动量及能量传递，并最终成为一体。因此，该动量传递过程可看作"完全非弹性碰撞"，即存在可观的机械能损失，该损失即为汽液两相区不可避免的㶲损失。

取控制体如图 4-17 虚线所示。对于定常流动，其动量方程可简化为：

$$F = \int_{CS} \rho \overrightarrow{V} \overrightarrow{V} \cdot \overrightarrow{n} \, \mathrm{d}S \qquad (4-29)$$

分别将 1、2 截面各参数代入式（4-29）可得：

$$p_{1,\mathrm{s}} \cdot A_{1,\mathrm{s}} + p_{1,\mathrm{w}} \cdot A_{1,\mathrm{w}} - p_2 \cdot A_2 - F_{\mathrm{W}} = (m_{1,\mathrm{s}} + m_{1,\mathrm{w}}) \cdot c_2 - m_{1,\mathrm{s}} \cdot c_{1,\mathrm{s}} - m_{1,\mathrm{w}} \cdot c_{1,\mathrm{w}} \qquad (4-30)$$

式中　$p_{1,\mathrm{s}}$——蒸汽喷嘴出口压力，MPa；

　　　$p_{1,\mathrm{w}}$——水喷嘴出口压力，MPa；

　　　p_2——混合腔出口压力，MPa；

　　　$A_{1,\mathrm{s}}$——蒸汽喷嘴出口面积，m^2；

　　　$A_{1,\mathrm{w}}$——水喷嘴出口面积，m^2；

　　　A_2——混合腔出口面积，m^2；

　　　$c_{1,\mathrm{s}}$——蒸汽喷嘴出口速度，$\mathrm{m \cdot s^{-1}}$；

　　　$c_{1,\mathrm{w}}$——水喷嘴出口速度，$\mathrm{m \cdot s^{-1}}$；

　　　c_2——混合腔出口速度，$\mathrm{m \cdot s^{-1}}$；

　　　$m_{1,\mathrm{s}}$——蒸汽喷嘴质量流量，$\mathrm{kg \cdot s^{-1}}$；

　　　$m_{1,\mathrm{w}}$——水喷嘴质量流量，$\mathrm{kg \cdot s^{-1}}$；

　　　F_{w}——流动阻力，N。

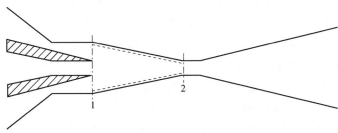

图 4-17　汽液两相区控制体示意图

假设壁面光滑时，即 $F_w = 0$ 时，可由式(4-30)计算出混合腔出口处汽液两相流的速度，进而得到汽液两相因"碰撞"导致的不可避免㶲损失：

$$E_{L,mc,ine} = E_{k,1,s} + E_{k,1,w} - E_{k,2} \tag{4-31}$$

式中　$E_{k,1,s}$——蒸汽喷嘴出口动能，kW；

　　　$E_{k,1,w}$——水喷嘴出口动能，kW；

　　　$E_{k,2}$——混合腔出口动能，kW。

（4）扩散段㶲损失

与水喷嘴作用相反，扩散段将水的动能转化为压力能，其水力损失为：

$$H_{L,df} = \zeta_{df} \frac{c_{df}^2}{2g} \tag{4-32}$$

文献[140]给出了渐扩管局部损失系数计算方法，结合扩散段尺寸，本书扩散段的局部损失系数为 0.74（以上游速度头作基准）。因此其㶲损失为：

$$E_{L,df} = T_0 S_{g,df} = T_0 \frac{(m_{0,w} + m_{0,s}) g H_{L,df}}{T_3} \tag{4-33}$$

（5）其他㶲损失

汽液两相区摩擦导致的㶲损失也比较可观，但由于两相区流型的转变及相间不平衡，其壁面摩擦系数很难直接确定[58,59]。同时，混合腔内的凝结激波也会产生可观的㶲损失。本书采用间接方法来评价这些㶲损失：

$$E_{L,oth} = (E_{k,1} - E_{k,3}) - E_{L,df} - E_{L,mc,ine} \tag{4-34}$$

4.3.2　超音速汽液两相流升压装置㶲损失

图4-18给出的是装置内各部分㶲损失随进水压力的变化规律。由于采用了收缩-扩张形蒸汽喷嘴，进水压力无法影响其工作状态，所以随进水压力的增加，蒸汽喷嘴内㶲损失不变，但水喷嘴及扩散段流速及流量增加，从而导致水喷嘴及扩散段内㶲损失增加。此外，进水量的增加强化了混合腔内汽液两相间的动量传递，从而导致该动量传递过程的不可逆性增加。因此，相间不可逆的动量传递导致的不可避免㶲损失随进水压力的增加而增加。混合腔内汽液两相区摩擦阻力会导致可观的㶲损失[92,93]。随进水压力的增加，进水量增加使得混合腔内汽液两相流的空泡率降低，摩擦导致的不可逆性降低，㶲损失减小。同时进水量增加较大时，凝结激波的强度降低，使得激波过程的不可逆性降低。因此，随进水压力的增加，汽液两相区摩擦及凝结激波导致的㶲损失降低。

图4-19给出的是超音速汽液两相流升压装置各部分㶲损失随进汽压力的变化规律。随进汽压力的增加，蒸汽喷嘴内流速及流量增加，从而导致蒸汽喷嘴㶲损失随之增加。水喷嘴的背压随进汽压力的增加而增加，但变化率较小，因此，

随进汽压力的增加，水喷嘴的流量减小，㶲损失降低。而随着进汽量的增加，扩散段流量增加，导致扩散段内㶲损失随之增加。随蒸汽速度及流量的增加，加速了相间动量的传递且动量传递总量也随之增加，从而增加了相间动量传递的不可逆性，㶲损失随之增加。随进汽量的增加，混合腔内汽液两相流空泡率增加，加剧了混合腔内摩擦损失。同时，随进汽压力的增加，装置的出水压力增加，即凝结激波的强度增加，激波过程的不可逆损失随之增加。因此，随进汽压力的增加，汽液两相区摩擦及凝结激波导致的㶲损失增加。

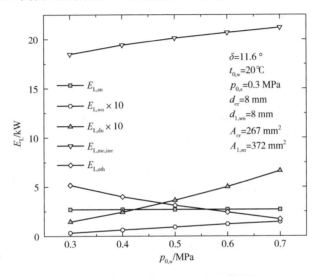

图 4-18 㶲损失随进水压力的变化规律

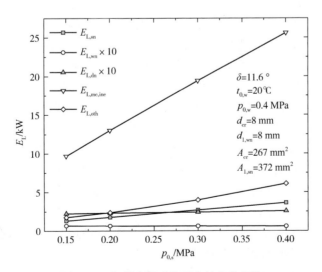

图 4-19 㶲损失随进汽压力的变化规律

图 4-20 给出的是超音速汽液两相流升压装置各部分㶲损失随进水温度的变化规律。进水温度对收缩-扩张形蒸汽喷嘴的工作状态没有影响，因此，蒸汽喷嘴内㶲损失不变。随进水温度增加，水喷嘴及扩散段内㶲损失减小，汽液相间不可逆动量传递、汽液两相区摩擦及凝结激波导致的㶲损失增加。此外，超音速汽液两相流升压装置内各部分㶲损失随进水温度的变化率较小。

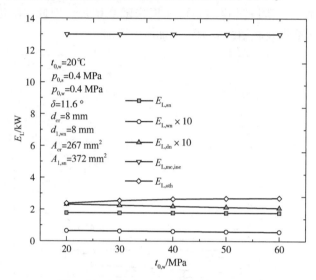

图 4-20　㶲损失随进水温度的变化规律

图 4-21 给出的是超音速汽液两相流升压装置各部分㶲损失随蒸汽喷嘴面积比的变化规律。随蒸汽喷嘴面积比的增加，蒸汽在喷嘴内膨胀得更加充分，增加了过程的不可逆性，导致蒸汽喷嘴内㶲损失增加。蒸汽喷嘴面积比对水喷嘴工作状态影响较小，因此，水喷嘴及扩散段内㶲损失受蒸汽喷嘴面积比影响较小。随蒸汽喷嘴面积比的增加，喷嘴出口蒸汽速度增加，增加了相间动量传递驱动力，在加速相间动量传递过程的同时也增加了动量传递过程的不可逆性，导致该过程㶲损失增加。随喷嘴出口蒸汽速度的增加，混合腔内汽液两相流速度增加，从而增加了混合腔两相区的摩擦损失。此外，随蒸汽喷嘴面积比的增加，装置的扬程存在峰值，即凝结激波的强度随之增加，激波过程的不可逆性增加。因此，随蒸汽喷嘴面积比的增加，汽液两相区摩擦及凝结激波导致的㶲损失增加。

图 4-22 给出的是超音速汽液两相流升压装置各部分㶲损失随混合腔收缩角的变化规律。在本实验参数范围内，混合腔收缩角对装置㶲损失的影响较小。

图 4-23 给出的是超音速汽液两相流升压装置各部分㶲损失随汽水面积比的变化规律。随汽水面积比的增加，蒸汽喷嘴通流面积增加使得蒸汽流量增加，从而导致蒸汽喷嘴内㶲损失增加。水喷嘴背压随汽水面积比的增加而增

加，因此，随汽水面积比的增加，水喷嘴的流量减小，㶲损失降低，但变化率较小。蒸汽喷嘴面积比的增加，扩散段内流速及流量增加，使得扩散段内㶲损失增加，但变化率较小。蒸汽流量的增加加速了汽液相间的动量传递过程，且相间动量传递的总量增加，从而增加了相间动量传递过程的不可逆性，导致㶲损失增加。同时，蒸汽流量增加使得混合腔内汽液两相流空泡率增加，从而导致两相流速度增加。因此，随汽水面积比的增加，汽液两相区摩擦及凝结激波导致的㶲损失增加。

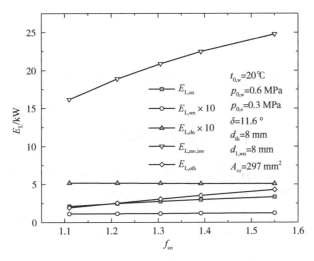

图 4-21 㶲损失随蒸汽喷嘴面积比的变化规律

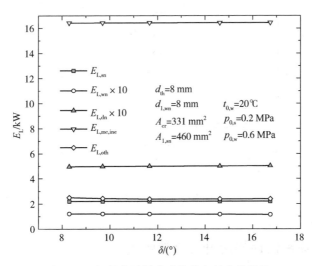

图 4-22 㶲损失随混合腔收缩角的变化规律

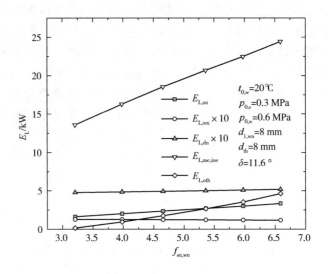

图 4-23　烟损失随汽水面积比的变化规律

图 4-24 给出的是超音速汽液两相流升压装置各部分烟损失随喉嘴面积比的变化规律。在本实验参数范围内，喉嘴面积比对装置烟损失的影响较小。

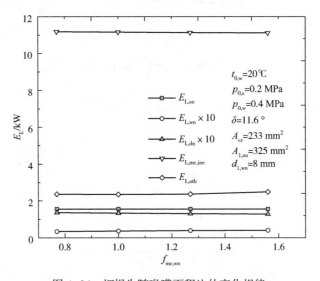

图 4-24　烟损失随喉嘴面积比的变化规律

4.3.3　超音速汽液两相流升压装置烟流

根据上述烟损失模型，选取了某一工况(进汽压力为 0.3MPa，进水压力为

0.5MPa，进水温度为20℃)并借助 Sankey 图，对超音速汽液两相流升压装置内㶲流及各部分㶲损失进行了可视化分析，如图 4-25 所示。装置输出的㶲绝大部分是温度㶲，约占 95%。由于混合腔内汽液相间不可逆的动量传递及温差传热过程，装置的㶲损失主要发生在混合腔内。在该工况下，由于不可逆温差传热导致的温度㶲损失大约为 26629W，约占总物理㶲损失的 50%；总的动能㶲及压力㶲损失约 26339W，且主要由混合腔内不可逆的动量传递产生，该部分不可避免的动能㶲损失约占总动能㶲和压力㶲损失的 76%，凝结激波、蒸汽喷嘴及混合腔摩擦导致的动能㶲损失约占 22%，而水喷嘴及扩散段内为单相水，它们产生的㶲损失较小，约占 2%。上述不可避免㶲损失导致了装置较低的压力㶲效率。通过分析装置的㶲损失特别是不可避免㶲损失，能找到关键因素，从而更加有针对性地提升装置的性能。

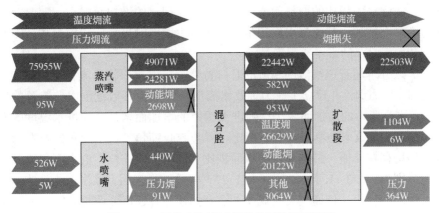

图 4-25　超音速汽液两相流升压装置㶲流图

由于分析目标的不同，压力㶲效率分析获得的最佳结构参数与升压性能实验结果分析获得的最佳结构参数略有差别。所以，需要综合实验结果分析、㶲分析及压力㶲分析，以更加全面地对超音速汽液两相流升压装置进行评价。其中，对实验结果分析，可以获取装置的最大升压能力及对应的最佳结构参数，但未考虑装置的消耗，即㶲代价；㶲效率及㶲损失分析，从整体上分析了装置内可用能的回收率及各部分的㶲损失，体现了装置的热力学完善度，但无法体现可用能向压力能的转化程度，即无法评价装置的升压属性；压力㶲分析以分析可用能向压力㶲的转化率为出发点，综合考虑了装置的升压性能及㶲代价，所以其对应的最佳结构参数与升压性能对应的最佳结构参数略有差别，即装置升压性能最好时，其压力㶲效率未必最高。因此，针对不同的应用场合，需综合考虑装置的升压性能、㶲效率及压力㶲效率，确保在升压能力满足系统要求的同时，最大限度地提升装置的经济性。

4.4　本章小结

本章从热力学第二定律的角度出发，对超音速汽液两相流升压装置进行了㶲分析。建立了㶲效率模型、压力㶲效率模型及㶲损失模型，定量研究了汽水参数及结构参数对㶲效率及压力㶲效率的影响，并研究了装置内的物理㶲流及各部分的㶲损失。主要结论如下：

（1）以物理㶲平衡为基础，建立了㶲效率模型来分析装置的热力学完善度。装置的㶲效率在18%~45%之间。汽水参数及结构参数通过影响装置的引射率从而决定其㶲效率。在实验参数范围内，㶲效率随进汽压力的增加而增加，随进水压力的增加而减小，随进水温度的升高而增加；㶲效率随蒸汽喷嘴面积比的增加而减小，随汽水面积比的增加而增加，随喉嘴面积比的增加而减小，随混合腔收缩角的增加而增加。其中汽水面积是影响装置引射率的最主要结构参数，因此也是影响装置㶲效率的最主要因素。

（2）以分析超音速汽液两相流的升压特性为出发点，将稳流工质的焓㶲拆分为温度㶲及压力㶲，并建立了压力㶲效率模型。在实验参数范围内，装置的压力㶲效率随进汽压力的增加而减小，随进水压力的增加而增加，随进水温度的升高而减小；压力㶲效率随蒸汽喷嘴面积比、混合腔收缩角、汽水面积比及喉嘴面积比的增加均存在峰值，最佳蒸汽喷嘴面积比、混合腔收缩角、汽水面积比及喉嘴面积比分别为：1.3~1.4、12°、4及1.27。实验结果表明：该模型能具体地描述相间可用能的转化、传递及衰变规律，适合描述超音速汽液两相流的升压特性。

（3）分析了汽水参数及结构参数对装置各部分㶲损失的影响规律，特别是由于不可逆的动量传递和温差传热导致的不可避免㶲损失。装置输出的㶲绝大部分是温度㶲，约占95%，温差传热导致的温度㶲损失约占总㶲损失的50%；混合腔内汽液两相间不可逆的动量传递导致的㶲损失约占总动能㶲损失的76%；混合腔内凝结激波、蒸汽喷嘴及混合腔摩擦导致的动能㶲损失也比较可观，约占总动能㶲损失的22%。上述可观的不可避免㶲损失导致了装置较低的压力㶲效率。通过分析装置的㶲损失，特别是不可避免㶲损失，不仅指出了性能提升的潜力，而且指出了提升的可行性。

5 超音速蒸汽在过冷水中 射流凝结特性研究

超音速汽液两相流升压装置的核心是其混合腔内超音速蒸汽与过冷水直接接触凝结这一物理过程。超音速蒸汽与低压水发生直接接触凝结换热，形成具有一定含汽率的超音速汽液两相流，遇阻产生凝结激波，从而得到压力高于蒸汽压力的单相热水，以实现升压和加热的目的。因此，研究超音速蒸汽在过冷水中的射流凝结特性，对深入了解超音速汽液两相流升压装置，促进和拓展其在工业场合的应用具有重要作用，也为相关工业设备的设计、运行提供必要的参考，具有重要的学术意义与实用价值。

5.1 超音速蒸汽射流凝结实验系统

5.1.1 实验系统的设计

图 5-1 所示为本实验设计搭建的蒸汽浸没射流凝结换热的实验系统示意图。主要包括蒸汽发生器、稳压罐、调节阀、蒸汽喷嘴、射流水箱、带有温度和压力探针的三维测量支架、可视化系统以及数据采集系统。蒸汽发生器提供实验所需的饱和蒸汽，并经过稳压罐防止压力剧烈波动，通过调节蒸汽发生器的功率和调节阀改变蒸汽参数。三维测量支架上可装温度和压力探针，用来测量流场中不同位置的温度和压力分布。水箱的两侧留有可视化窗口，背侧窗口装有背光灯箱以保证拍摄效果。蒸汽发生器和相应的蒸汽管道上装有压力、温度传感器，水箱中装有 4 支热电偶，布置在水箱的四角处，并与喷嘴处于同一水平面，用来测量环境水的温度。实验时，饱和蒸汽通过喷嘴形成高速射流进入过冷水中，同时记录射流凝结形态，并测量流场参数。

（1）蒸汽喷嘴

蒸汽通过喷嘴加速后射入过冷水中凝结，要研究超音速蒸汽射流凝结，必须设计不同的喷嘴。考虑到实验中喷嘴长期工作于内壁面为高温、高速蒸汽流过，

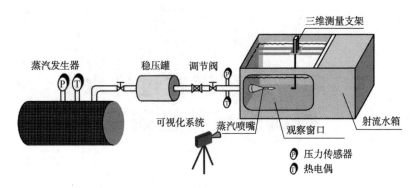

图 5-1　超音速蒸汽射流凝结实验系统示意图

外壁面为过冷水的环境中，因此必须选用耐腐蚀性较好的材料作为喷嘴的制作材料。本实验综合考虑强度、韧性以及加工可行性等特点，选用钢作为喷嘴的制作材料。另外，喷嘴的设计尺寸较小，要求的加工精度较高，所以采用数控机床加工以提高精度。

对于超音速喷嘴的设计，认为蒸汽在喷嘴中为等熵流动，对于干饱和蒸汽，绝热指数为 1.135，临界压比为 0.577，对于给定的喷嘴入口初参数、喷嘴喉部和出口直径，根据等熵焓降可以计算得出喷嘴喉部的速度、流量等参数，然后根据水蒸气的等熵过程性质得出蒸汽在给定喷嘴出口尺寸下完全膨胀的出口压力和出口马赫数，这个出口压力与喷嘴入口压力的比值称为设计压比。为了描述超音速喷嘴的特性，本书给出了喷嘴的设计压比和出口马赫数与喷嘴形状的关系，如图 2-9 和图 2-10 所示。从图中可以看出，音速蒸汽的设计压比为 0.577，出口马赫数为 1；随着喷嘴出口直径和喉部直径之比的增大，设计压比逐渐减小，而出口马赫数逐渐增大，蒸汽流速为超音速。

考虑到喷嘴的加工方便，以及蒸汽流量不能过大，否则将影响锅炉提供蒸汽的连续性，本实验设计了喉部直径为 8mm，出口直径分别为 8.8mm、9.6mm、10.4mm、11.2mm 和 12mm 的 5 个超音速喷嘴，如图 5-2 所示。

(2)蒸汽浸没射流凝结水箱

凝结水箱的设计需考虑以下因素：①为了能够尽可能减小水温上升的速度，水箱的体积要足够大；②为了使蒸汽在过冷水中浸没射流凝结形成稳定的流场，需要考虑水箱的高度以保证喷嘴的浸没深度；③实验在从低温到高温下逐渐进行，主要依靠蒸汽加热，由于蒸汽消耗量较大，要维持实验的连续性，水箱的体积不能太大；④实验过程中，水位逐渐上升，要维持喷嘴的浸没深度，需留有溢水口，同时为了清洗及换水方便，需开有排水口；⑤根据不同的受力采用不同的材料；等等。

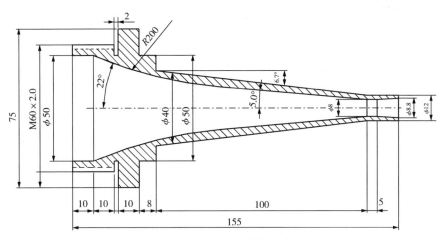

图 5-2 超音速喷嘴结构设计图

本实验设计的水箱如图 5-3 所示。水箱长为 3000mm、宽为 1000mm、高为 1200mm；水箱底部开有排水口，在高为 1000mm 处开有溢水口，从而保证喷嘴的浸没深度始终保持 500mm。水箱的框架用角钢焊接而成，用扁钢连接，水箱的底面和侧面为钢板，而前后两个面为可视化窗口，用高压钢化玻璃与钢板铆接而成。为了保持水箱的稳定，设计了一个支架，用来支撑水箱。支架由工字钢、角钢和钢管组成，其长和宽与水箱匹配，高度为 500mm。

水箱的设计要与喷嘴的设计相匹配，主要体现在水箱中过冷水的温升。本实验设计的水箱，在不同的喷嘴直径下，以及现有的蒸汽压力允许范围内，忽略散热的影响，根据能量守恒计算得到的温升如图 5-4 所示。由图可见，喷嘴直径和蒸汽压力越大，蒸汽流量越大，水箱内冷水升温速率也越大。除直径为 10mm 的喷嘴，水箱内过冷水每分钟的温升都能维持在 0.5℃ 以内，但由于水箱自身散热的影响，实际温升要比计算值小。

（3）三维测量系统

在蒸汽浸没射流流场参数的测量过程中，保证探针的精确定位和移动尤为重要。本书采用自动控制系统，主要由运动控制卡、步进电机、电机驱动器、随动构架，以及控制软件等组成。三维测量支架如图 5-5 所示，该控制系统可以实现三维空间（x 轴、y 轴、z 轴）的移动，最高位移精度可以达到 0.02mm；支架上装有探针固定装置，用于更换和固定测试探针。

（4）数据采集系统

本实验采用先进、可靠的专业数据采集设备，具有较强的抗电磁干扰、振动和噪声的优点，该数据采集系统如图 5-6 所示。采用 PCI 总线及多功能调理模块，提供可调的激励，可将特殊接口转换成标准口，对特殊信号进行放大或者衰减处理，并且具有滤波和温度补偿功能；采样速率可达 $250kS \cdot s^{-1}$，可同时实现对压力、温度的采集；采用 Labview 作为数据采集和仪器控制软件，具有简易快捷地采集数据和控制功能、强劲的分析模块、友好逼真的界面显示等功能，为实验数据的采集和分析提供了可靠的保证。

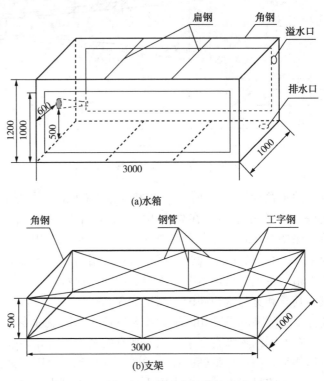

(a)水箱

图 5-3　蒸汽浸没射流水箱结构设计图

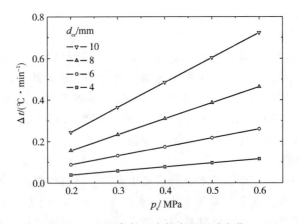

图 5-4　不同条件下水箱中的温升变化

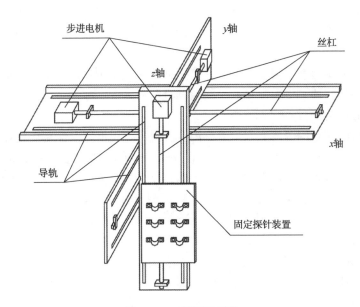

图 5-5　三维测量系统

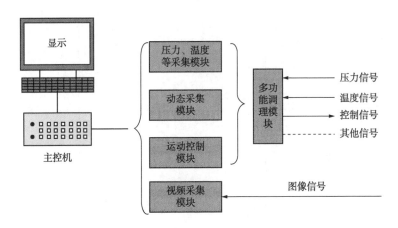

图 5-6　数据采集系统示意图

5.1.2　实验参数的测量

（1）凝结形态可视化

为研究凝结形态变化与汽水参数和喷嘴结构参数之间的关系，本实验通过可视化系统对实验过程中凝结形态的变化进行了观察和记录。可视化系统由数码摄像机、背光灯和钢化玻璃等组成。在实验开始前需对可视化系统进行调试，调整数码摄像机的高度以保证其与射流方向垂直，调整光源强度以获得最佳的拍摄效果。实验时，需在既定的汽水参数下拍摄凝结形态，通过对比分析可以得到凝结形态与汽水参数以及结构参数之间的关系，从而为绘制凝结形态分布图积累数据。本书对凝结形态几何参数的研究是根据拍摄图片中凝结形态的轮廓和凝结形态的分析模型，通过多次测量取平均值的方法获得。

（2）温度的测量

本实验中测量的温度有入口蒸汽温度、过冷水温度以及流场中的温度。在距离喷嘴入口 20mm 处的蒸汽管道上开有 2mm 的小孔，插入直径为 2mm 的 K 型热电偶，用以测量入口蒸汽温度，测温不确定度为 1℃。在与喷嘴处于同一水平面的水箱的四角处安装 4 支 K 型热电偶，用以测量过冷水的温度。对于流场中温度的测量，实验设计了温度测量块，如图 5-7 所示。为了尽可能减小对流场的影响，温度块设计成楔形；在温度块的尖部开有 21 个直径为 1mm 的小孔，插入 21 支直径为 1mm 的 K 型热电偶，轴对称布置，热电偶的测点在热电偶的顶部。温度块可以方便在三维测量支架上安装与拆卸。

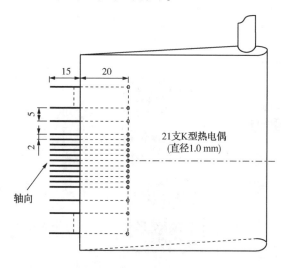

图 5-7　温度测量块示意图

（3）压力的测量

本实验中测量的压力有入口蒸汽压力、环境压力以及流场中的压力。在距离喷嘴入口 30mm 处的蒸汽管道上安装了高精度高温压力传感器，用以测量入口蒸汽压力。压力传感器安装在热电偶之前，目的在于消除热电偶对蒸汽流动的扰动给蒸汽压力带来的影响。通过测量大气压力，考虑喷嘴浸没深度计算得到环境水的压力。本书采用毕托管测量流场中的压力分布，毕托管的结构如

图 5-8 所示,在毕托管的顶部安装高精度压力传感器。同时,对于单相水流动的紊流区,由于其不可压缩性,采用上述毕托管测量速度分布。本实验采用的压力传感器为瑞士 Keller 公司生产的高温压力传感器,量程为 0~1.0MPa,精度为 0.1%FS。

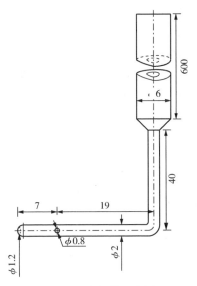

图 5-8 毕托管示意图

(4) 蒸汽质量流量的计算

由于蒸汽质量流量很难测准,本书采用计算的方法得到蒸汽的质量流量。由于本实验的实际运行压比低于临界压比,蒸汽在喷嘴内的流动已经达到临界状态,因此,蒸汽质量流量仅与喷嘴喉部截面积和喷嘴入口处蒸汽的物性参数有关:

$$m_s = A_{cr}\sqrt{\frac{2\kappa}{\kappa+1}\left(\frac{2}{\kappa+1}\right)^{2/(\kappa-1)}p_s\rho_s} \tag{5-1}$$

式中 m_s——蒸汽质量流量,$kg \cdot s^{-1}$;

$\quad\ A_{cr}$——喷嘴喉部截面积,m^2;

$\quad\ \kappa$——绝热指数;

$\quad\ p_s$——喷嘴入口蒸汽压力,Pa;

$\quad\ \rho_s$——喷嘴入口蒸汽密度,$kg \cdot m^{-3}$。

(5) 实验条件的选取

考虑锅炉的额定参数,将水箱的设计尺寸、超音速喷嘴的尺寸,以及选择的汽水参数汇总,如表 5-1 所示。

表 5-1 实验条件

项目	实验条件
入口蒸汽压力 p_s/MPa	0.20~0.60
过冷水温度 t_w/℃	20~70
音速喷嘴出口直径 d_e/mm	4.0、6.0、8.0、10
超音速喷嘴喉部直径 d_{cr}/mm	8.0
超音速喷嘴出口直径 d_e/mm	8.8、9.6、10.4、11.2、12.0
喷嘴设计压比 ε	0.577、0.318、0.228、0.175、0.139、0.113
喷嘴喉部质量流率 G_{cr}/(kg·m^{-2}·℃$^{-1}$)	298~865
环境水压力 p_w/MPa	0.102
喷嘴浸没深度/mm	500
水箱尺寸/mm	3000×1000×1200

5.1.3 实验准备工作及流程

蒸汽浸没射流凝结换热实验对蒸汽的品质、可视化系统的光源以及三维测量系统的定位都有较高的要求，在实验开始前应该做好几项准备工作，实验准备工作的流程如图 5-9 所示。

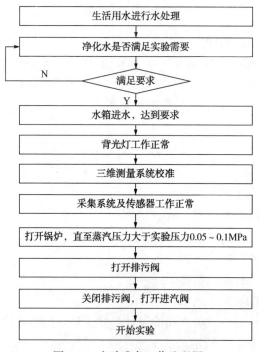

图 5-9 实验准备工作流程图

（1）生活用水在进入锅炉之前必须经过特殊处理，并保证有足够的备用处理水，以补充实验中不断消耗的蒸汽；

（2）锅炉的蒸汽压力必须至少大于实验所需压力 0.05~1MPa，以抵消蒸汽管道的压损，同时保持压力长时间内不会波动太大，保证实验压力有一定的可调节范围；

（3）在蒸汽进入喷嘴之前，必须打开排污阀，清除管道内可能存在的残留物；随后将准备好的导流管套入喷嘴，慢慢打开进汽阀，将排污阀至蒸汽喷嘴段的残留物导入备用水箱，从而保证蒸汽的品质；

（4）检查水位，确保水位达到实验的要求；

（5）检查背光灯是否工作正常并开启，以保证拍摄的效果；

（6）进行流场参数测量之前，必须准确定位，保证可移动探针在轴向运动；

（7）检查数据采集系统以及压力温度传感器是否工作正常。

在确保上述过程都达到实验要求后，可以开始进行实验。

本实验流程如图 5-10 所示。实验中按照设计压比从大到小选择超音速喷嘴。蒸汽压力的选取是从 0.2MPa 到 0.6MPa，过冷水温度是从 20℃ 逐渐升高到 70℃。由于本实验中凝结形态的拍摄、流场参数的测量难以同时进行，所以将分别记录凝结形态、流场温度分布和压力分布。实验过程分为三个阶段。

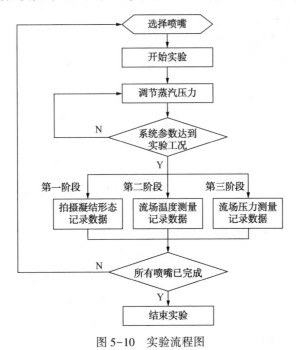

图 5-10　实验流程图

第一阶段，凝结形态的拍摄：

（1）开启进汽阀，调节蒸汽压力达到实验工况，并将蒸汽压力稳定在一个既定工况，喷嘴保持稳定连续射流状态；

（2）待水温达到20℃时，记录射流的凝结形态，以及入口蒸汽压力、温度和过冷水温度参数，不断升温，记录射流凝结形态及汽水参数，直到水温达到70℃；

（3）逐渐调节蒸汽压力从0.2MPa到0.6MPa，重复步骤（1）和（2）；

（4）更换不同结构参数的喷嘴，重复步骤（1）（2）和（3）。

第二阶段，流场温度的测量：

（1）与第一阶段实验的步骤（1）相同；

（2）待水温达到20℃时，将温度探针从喷嘴出口开始沿轴向移动测量温度分布，同时记录流场中的温度，以及入口蒸汽压力、温度和过冷水温度数据，直到温度探针测得的温度接近于过冷水温度，不断升温，记录汽水参数，直到水温达到70℃；

（3）逐渐调节蒸汽压力从0.2MPa到0.6MPa，重复步骤（1）和（2）；

（4）更换不同结构参数的喷嘴，重复步骤（1）（2）和（3）。

第三阶段，流场压力的测量：

（1）与第二阶段实验步骤（1）相同；

（2）与第二阶段实验步骤（1）类似，将温度探针更换为压力探针，从喷嘴出口开始沿轴向移动测量压力分布，同时记录流场中汽水参数，直到压力探针测得的压力接近于环境水压力；不断升温，记录汽水参数，直到水温达到70℃；

（3）与第二阶段实验步骤（3）类似；

（4）与第二阶段实验步骤（4）类似。

5.1.4 实验系统的可靠性

实验结果的重现性是体现实验可信度的重要指标之一。为验证实验结果的重现性，分别对轴向温度和轴向全压进行了两次相同实验条件下的实验，两次实验所得到的温度和压力的特性曲线如图5-11所示。从图中可以看出，两次实验的曲线几乎重合，从而表明，本书的实验结果具有良好的重现性。同时，为了描述本书设计的温度块对温度测量的扰动，采用单针在不同的轴向位置测量温度，得到的结果与温度块的测量结果如图5-12所示。通过对比发现，测量结果基本一致，从而表明，可以忽略温度块对温度测量的影响。

由于系统误差与测量误差的存在，必然会影响实验结果准确性。实验结果的不确定度分析，就是评估由于误差存在而对实验数据不能确定的程度，从而得

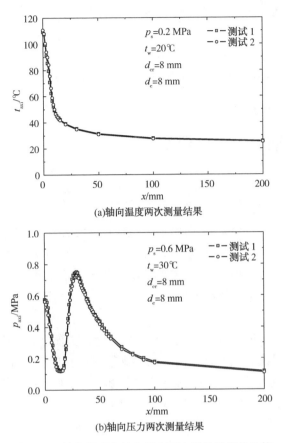

(a)轴向温度两次测量结果

(b)轴向压力两次测量结果

图 5-11   轴向温度和轴向压力两次测量结果的比较

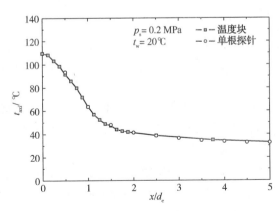

图 5-12   轴向温度和轴向压力两次测量结果的比较

出实验结果的可信度。本书使用 Moffat[142] 的方法对实验结果的不确定度进行分析，根据实验系统中测量仪器的精度和上述不确定度的分析方法，可以计算得出在本实验参数范围内压力、速度、蒸汽质量流量、无量纲穿透长度、汽羽表面积以及凝结换热系数的最大不确定度分别为 2.0%、14%、2.5%、4.4%、6.8% 和 10.2%。

5.2 超音速蒸汽射流凝结形态

5.2.1 超音速蒸汽射流凝结的汽羽形状

当蒸汽高速射入过冷水中形成稳定射流时，会形成连续的蒸汽区，称之为汽羽。在蒸汽稳定射流中，凝结汽羽可以反映出蒸汽射流的流动特性，因此也吸引了大批学者的关注。本节将对音速和超音速蒸汽射流的汽羽形状展开详细的讨论，找出汽水参数和喷嘴结构参数对汽羽形状的影响规律，进而对凝结流动特性进行理论分析。

超音速蒸汽浸没射流凝结形态的研究，分为欠膨胀超音速蒸汽浸没射流和过膨胀超音速蒸汽浸没射流两种。所谓欠膨胀超音速，指汽流在喷嘴中膨胀不足，出口压力大于环境水压力，在喷嘴出口产生膨胀波；而过膨胀超音速是指汽流在喷嘴中膨胀过度，导致出口压力小于环境水压力，在喷嘴出口产生斜激波。图 5-13 所示为在超音速蒸汽浸没射流的凝结形态研究中观察到的六种汽羽形状。当蒸汽质量流率 $G_{cr} = 865 \text{kg} \cdot \text{m}^{-2} \cdot \text{s}^{-1}$，压比 $\varepsilon = 0.318$ 时，对应的为欠膨胀超音速蒸汽浸没射流的凝结形态；当蒸汽质量流率 $G_{cr} = 583 \text{kg} \cdot \text{m}^{-2} \cdot \text{s}^{-1}$，压比 $\varepsilon = 0.139$ 时，对应的为过膨胀超音速蒸汽浸没射流的凝结形态。从图中可以看出，在欠膨胀超音速蒸汽浸没射流中，出现了三种汽羽形状，由于喷嘴出口压力大于环境水压力，在喷嘴出口出现膨胀波，当水温（$t_w = 20℃$）比较低时，观察到了膨胀-收缩形汽羽，随着水温（$t_w = 50℃$）的升高，过冷水的冷凝作用逐渐减弱，出现了双膨胀-收缩形汽羽，当水温升高到 70℃ 时，汽羽尾部变得不稳定，出现双膨胀-发散形汽羽。在过膨胀超音速蒸汽浸没射流中，由于喷嘴出口压力小于环境水压力，在喷嘴出口出现斜激波，汽流被压缩，当过冷水温度（$t_w = 20℃$）比较低时，过冷水的冷凝作用比较大，蒸汽被迅速凝结，形成渐缩形汽羽，随着水温（$t_w = 40℃$）的升高，收缩后的汽羽再次出现膨胀，最终由于凝结的作用形成收缩-膨胀-收缩形汽羽，当水温升高到 70℃ 时，汽羽变得发散，出现收缩-膨胀-发散形汽羽。

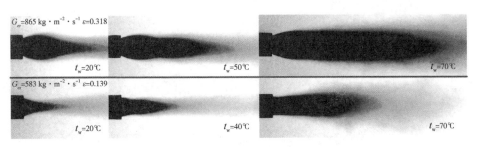

图 5-13　超音速蒸汽浸没射流的凝结形态

5.2.2　超音速蒸汽射流凝结的汽羽结构

本节根据音速和超音速蒸汽浸没射流凝结形态的实验结果，运用膨胀波和压缩波理论[145]，对蒸汽浸没射流凝结的汽羽形状、流动机理进行分析。

在欠膨胀超音速蒸汽浸没射流中，由于喷嘴出口蒸汽压力大于环境水压力，当蒸汽进入过冷水中时，在喷嘴出口会产生膨胀波，流动方向外折，产生外折角，同时汽流内部的压力逐渐减小，汽流被进一步加速。与音速蒸汽浸没射流不同的是，第一道膨胀波出现在喷嘴出口外，而不是喷嘴出口界面，这主要是由喷嘴出口马赫数决定的，其后的流动特性与音速蒸汽射流条件下流动特性相似，形成膨胀-收缩形和双膨胀收缩形汽羽，如图 5-14 和图 5-15 所示。

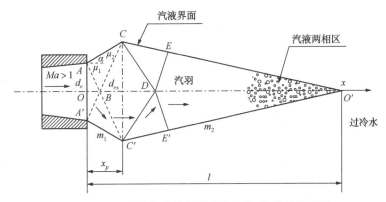

图 5-14　超音速蒸汽射流形成的膨胀-收缩形汽羽图

在过膨胀超音速蒸汽射流中，由于喷嘴出口蒸汽压力低于环境水压力，当蒸汽进入过冷水中时，在喷嘴出口处会产生斜激波 AB 和 $A'B$。蒸汽汽流通过激波之后，汽流内部压力增大到环境水压力，而速度减小，同时流动方向内折，在 B 点产生压缩波 BC 和 BC'，汽流内部压力进一步增大，速度进一步降低，如果蒸汽汽流初始流速和马赫数不大，通过此激波之后，蒸汽流速就会减小为亚音速，形成类似音速射流的渐缩形汽羽，如图 5-16 所示。

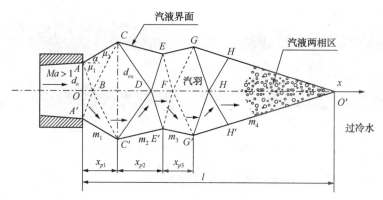

图 5-15　超音速蒸汽射流形成的双膨胀-收缩形汽羽图

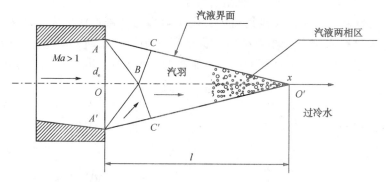

图 5-16　超音速蒸汽射流形成的收缩形汽羽图

如果蒸汽汽流的初始流速和马赫数较大，通过此压缩波之后，蒸汽仍然为超音速流动，由于汽流内部压力大于环境水压力，将会产生膨胀波 CD 和 $C'D$，汽流内部压力降低，流速增大，且汽流方向外折，其后的流动特性与欠膨胀超音速蒸汽射流的膨胀-收缩形汽羽的流动特性相似，最终形成如图 5-17 所示的收缩-膨胀-收缩形汽羽。

在本实验条件下研究的过膨胀超音速蒸汽射流中，当过冷水温度比较低时，观察到了收缩形汽羽，主要是由于过冷水的冷凝作用比较大，蒸汽汽流在经过斜激波后被迅速凝结；随着过冷水温度的升高，过冷水的冷凝作用减弱，经过压缩后的蒸汽汽流产生膨胀波和压缩波，之后随着过冷水的冷凝形成收缩-膨胀-收缩形汽羽；随着过冷水温度的进一步升高，过冷水的冷凝作用进一步减弱，汽液界面变得不稳定，蒸汽汽流逐渐发散形成收缩-膨胀-发散形汽羽。

从以上的理论分析结果与本实验的结果对比可以看出，实验中所观察到的汽羽形状都可以通过理论分析得到合理的解释。实验中观察到的汽羽形状，在膨胀

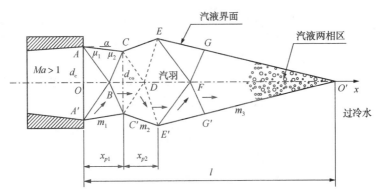

图 5-17 超音速蒸汽射流形成的收缩-膨胀-收缩形汽羽图

和压缩的转折位置均是光滑过渡的，而不像理论分析中存在明显的外折和内折。这是因为汽流是经过若干个微小角度完成转折的，同时汽流流动过程中不断与周围水发生质量、动量和能量的交换，并且由于汽液两相之间的摩擦和卷吸，形成了光滑的汽液界面。此外，蒸汽射流的汽羽形状在很大程度上受到过冷水温度的影响，过冷水温度越低，其冷凝能力越强，汽流经过压缩波后速度就很容易减小到亚音速，从而再次膨胀的可能性就越小。反之，当过冷水的温度较高时，汽流经过压缩波后速度就更容易保持超音速流动，汽羽收缩后再次膨胀的可能性就越大。此外，当水温过高时，则可能会破坏汽液界面的稳定性，在界面难以形成压缩波，从而蒸汽流形成发散形汽羽。

5.2.3 汽羽无量纲穿透长度

图 5-18 给出了蒸汽射流汽羽的分析模型，主要包括汽羽、汽液界面、两相区、热水层和过冷水层。颜色较深且轮廓较清晰的部分为汽羽，汽羽以后为热水层，在汽羽和热水层之间为汽液界面，热水层的外部为过冷水区域。无量纲穿透长度定义为汽羽的穿透长度 l 与喷嘴出口直径 d_e 的比值。下面将分析蒸汽质量流率、过冷水温度以及压比对无量纲穿透长度的影响规律。

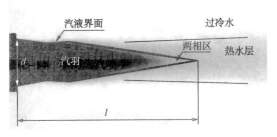

图 5-18 蒸汽射流凝结汽羽的分析模型

图 5-19 所示是压比为 0.175 的超音速蒸汽射流的无量纲穿透长度随着蒸汽质量流率和过冷水温度的变化规律。从图中可以看出,无量纲穿透长度的数值在 1.7~8.7 之间,随着蒸汽质量流率的增大而增大,同时随着过冷水温度的升高而增大,且增大的速度越来越快。这是由于增大蒸汽质量流率和过冷水温度都将需要更大的换热面积,从而导致无量纲穿透长度的增大。

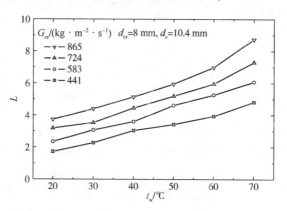

图 5-19　无量纲穿透长度随汽水参数的变化规律

图 5-20 给出了过冷水温度为 50℃时,蒸汽射流的无量纲穿透长度随着蒸汽质量流率和压比的变化规律。从图中可以看出,在不同的蒸汽质量流率下,无量纲穿透长度随着压比有着相同的变化规律,均随着压比的减小而减小。汽羽的无量纲长度是蒸汽浸没射流凝结换热的宏观表现,汽羽的无量纲长度越小说明蒸汽与过冷水的凝结换热效果越好。因此,超音速蒸汽射流凝结的换热效果要优于音速蒸汽射流。

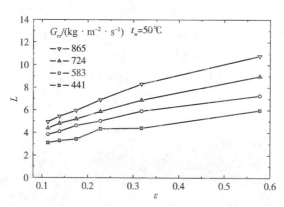

图 5-20　无量纲穿透长度随压比的变化规律

在对无量纲穿透长度的分析中，Kerney 等人[146]将汽羽看作一个椭圆形，认为蒸汽的凝结发生在汽液界面上，并且保持相平衡。忽略液相的压力梯度，认为汽液界面温度等于环境水压力对应的饱和水温度。由于蒸汽以音速或者超音速射流进入过冷水中，惯性力远远大于浮力，从而可以认为射流凝结过程以喷嘴中心线为轴对称，根据一维质量守恒方程可得到：

$$\frac{dm}{dx} = -2\pi r R_c \tag{5-2}$$

式中　m——蒸汽质量流量，$kg \cdot s^{-1}$；

　　　x——喷嘴轴线方向距离，m；

　　　r——汽羽的截面半径，m；

　　　R_c——蒸汽凝结速率，$R_c = h_i \Delta t_{sub}/h_{fg}$，$kg \cdot m^{-2} \cdot s^{-1}$。

根据公式(5-2)、蒸汽凝结速率 R_c 和凝结势 B 可得：

$$\frac{d\sqrt{m}}{dx} = -\sqrt{\pi G} \cdot BS \tag{5-3}$$

式中　G——蒸汽质量流率，$kg \cdot m^{-2} \cdot s^{-1}$；

　　　S——类似 Stanton 数的一个无量纲量，$S = h_i/c_p G$。

考虑下述边界条件，对公式(5-3)积分，最终可以整理得到汽羽无量纲穿透长度的计算式：

$$x = 0, \ m = m_e; \ x = l, \ m = 0 \tag{5-4}$$

$$L = l/d_e = 0.5 \, (BS_m)^{-1} \sqrt{G_e/G_m} \tag{5-5}$$

式中　S_m——S 的平均值；

　　　G_e——喷嘴出口蒸汽质量流率，$kg \cdot m^{-2} \cdot s^{-1}$；

　　　G_m——临界蒸汽质量流率，$kg \cdot m^{-2} \cdot s^{-1}$。

在上述分析过程中，提出了很多假设，且 S 是一个很难确定的量，这就导致公式(5-5)很难直接用于预测汽羽的无量纲穿透长度。但是从公式(5-5)看出，无量纲穿透长度是凝结势和蒸汽质量流率的函数。因此，很多研究者认为 S 为常数，给出了以凝结势和蒸汽质量流率为变量，基于实验数据的关联式。根据上述方法，本书给出的实验关联式：

$$L = 0.143 B^{-1.67} \left(\frac{G_e}{G_m} \right)^{1.2} \tag{5-6}$$

图 5-21 给出了公式(5-6)得到的预测值与实验结果的对比情况。可以看出，公式(5-6)的预测值与实验值误差达到了±40%。

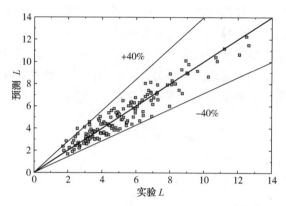

图 5-21　无量纲穿透长度预测值和实验值的比较［公式(5-6)］

根据分析，无量纲穿透长度除了由喷嘴喉部蒸汽质量流率和过冷水温度决定外，还受喷嘴设计压比的影响，本书在考虑蒸汽质量流率和凝结势的同时，引入压比的修正，基于实验数据，得到蒸汽浸没射流凝结汽羽无量纲穿透长度的实验关联式如下：

$$L=0.058\left(\frac{\varepsilon}{0.577}\right)^{0.46}B^{-1.95}\left(\frac{G_{cr}}{G_m}\right)^{1.6} \tag{5-7}$$

在公式(5-7)中，喷嘴喉部蒸汽质量流率反映了入口蒸汽压力的影响，凝结势 B 反映了过冷水温度的影响，而喷嘴设计压比则反映了超音速喷嘴结构参数的影响。由公式(5-7)得到的预测值和实验值的比较结果如图 5-22 所示，可以看出预测误差基本位于±20%之内。因此，本书根据理论分析模型，考虑汽水参数和结构参数修正后，给出的实验关联式可以较好地预测音速和超音速蒸汽浸没射流汽羽的无量纲穿透长度。

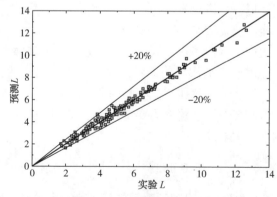

图 5-22　无量纲穿透长度预测值和实验值的比较［公式(5-7)］

5.3 超音速蒸汽射流凝结换热特性

凝结换热特性是蒸汽浸没射流研究中的一个重要特性，直接关系到蒸汽浸没射流相关技术在工业场合中的应用，以及相关换热设备的优化设计。本节将针对音速和超音速蒸汽浸没射流，从实验和理论两方面分析汽水参数和结构参数对蒸汽浸没射流凝结换热特性的影响规律。

5.3.1 超音速蒸汽射流凝结换热系数的实验值

如果把蒸汽在过冷水中浸没射流凝结换热过程看作是对流换热过程，认为凝结换热过程主要在汽液界面进行，根据热平衡可以得到汽液两相之间的平均凝结换热系数为：

$$h_{con} = \frac{m_s h_{fg}}{A_i (t_s - t_w)} \qquad (5-8)$$

式中　h_{con}——平均凝结换热系数，$W \cdot m^{-2} \cdot ℃^{-1}$；

　　　m_s——蒸汽的质量流量，$kg \cdot s^{-1}$。

图 5-23 所示为根据公式(5-8)和实验数据计算得到的蒸汽浸没射流凝结过程中汽液两相之间的平均凝结换热系数。从图中可以看出，平均凝结换热系数的数值在 $0.70 \sim 2.51 MW \cdot m^{-2} \cdot ℃^{-1}$ 之间。随着蒸汽质量流率的增大，平均凝结换热系数变化很小，而随着过冷水温度的升高，平均凝结换热系数减小。由公式(5-8)可知，影响平均凝结换热系数的主要因素有凝结换热量、换热面积和温差，当蒸汽质量流率增大、蒸汽质量流量增大且蒸汽温度升高，凝结换热量随之增大，具有增大凝结换热系数的趋势，同时也造成汽羽的表面积和温差增大，具有减小凝结换热系数的趋势，由于这两者的共同作用导致凝结换热系数随着蒸汽质量流率变化不大。随着过冷水温度的增大，凝结潜热和温差的变化幅度和趋势基本一致，而汽液两相之间的换热面积增大，从而导致平均凝结换热系数减小。

图 5-24 所示为根据公式(5-8)计算得到的汽液两相之间的平均凝结换热系数随喷嘴设计压比的变化规律。从图中可以看出，超音速蒸汽射流的平均凝结换热系数要大于音速蒸汽射流的平均凝结换热系数。随着喷嘴设计压比的减小，平均凝结换热系数呈现出先增大后减小的趋势，在本书的实验条件范围内，喷嘴设计压比为 0.228 时，超音速蒸汽射流具有最大的平均凝结换热系数。这是由于喷嘴设计压比减小，汽羽的无量纲穿透长度减小，汽羽的表面积也随之减小，在蒸汽质量流量和过冷水温度不变的情况下，平均凝结换热系数是增大的，但是喷嘴设计压比的减小导致喷嘴出口直径增大，当设计压比过小时，虽然汽羽的无量纲

穿透长度有所减小，但是汽羽的绝对长度可能会增大，造成汽羽的表面积随之增大，从而导致平均凝结换热系数减小。

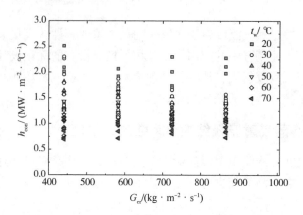

图 5-23　平均凝结换热系数实验值随汽水参数的变化规律

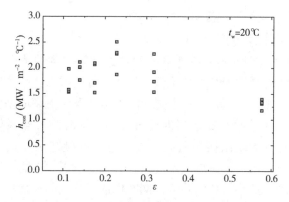

图 5-24　平均凝结换热系数实验值随结构参数的变化规律

5.3.2　超音速蒸汽射流凝结换热系数的实验关联式

在平均凝结换热系数的计算中，汽液界面的换热面积是一个很重要的参数，而汽羽的穿透长度在一定程度上是汽液界面大小的宏观表现，根据预测汽羽无量纲穿透长度的实验关联式(5-5)，以及类似 Stanton 数的无量纲量 S 的定义，可以整理得出平均凝结换热系数的实验关联式为：

$$h_{con} = 0.5 c_p G_m \left(G_e / G_m \right)^{1/2} L^{-1} B^{-1} \tag{5-9}$$

此外，公式(5-7)给出了无量纲穿透长度的实验关联式，将其带入公式(5-9)，可以整理得到基于汽液两相流动参数和喷嘴结构参数的平均凝结换热系数实验关联式如下：

$$h_{con} = 6.69 c_p G_m^{2.1} G_e G_{cr}^{-1.6} \varepsilon^{-0.46} B^{0.95} \tag{5-10}$$

式(5-10)中仅含有汽液两相的物性参数和喷嘴的设计压比，因此可以作为经验公式，用来预测汽液两相之间的平均凝结换热系数，从而为超音速汽液两相流升压过程中汽液两相之间的换热特性的研究提供参考。

根据实验关联式(5-10)计算得出的平均凝结换热系数随汽水参数的变化规律如图 5-25 所示。从图中可以看出，平均凝结换热系数的数值在 0.47 ~ 1.81MW·m^{-2}·℃$^{-1}$之间，随着过冷水温度的升高而减小，且随着蒸汽质量流率的升高而略有减小。这是由于：随着过冷水温度的升高，凝结驱动势变化不大，但是汽羽的无量纲穿透长度增大，根据公式(5-9)，必然导致凝结换热系数减小；随着蒸汽质量流率的升高，汽羽无量纲穿透长度也增大，两者对凝结换热特性的作用相反，所以导致平均凝结换热系数减小的幅度不是很大。

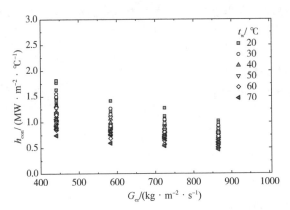

图 5-25　平均凝结换热系数实验关联式预测值随汽水参数的变化规律

图 5-26 所示为根据实验关联式得到的平均凝结换热系数随着喷嘴设计压比的变化规律。从图中可以看出，平均凝结换热系数的变化规律与实验值比较相似，超音速蒸汽射流的换热性能要好于音速蒸汽射流。随着喷嘴设计压比的减小，也能看出平均凝结换热系数具有先增大后减小的趋势。当喉部蒸汽质量流率保持不变时，平均凝结换热系数取决于出口蒸汽质量流率和汽羽无量纲穿透长度，随着喷嘴设计压比的减小，当汽羽无量纲穿透长度的减小占主导时，平均凝结换热系数则增大，反之则减小。

5.3.3　超音速蒸汽射流凝结换热系数的理论模型

根据表面恢复模型，气泡从汽相进入汽液界面时，破坏两相之间的温度梯度，造成汽液两相之间突然出现温差，在相界面上出现瞬时的导热现象，这是个

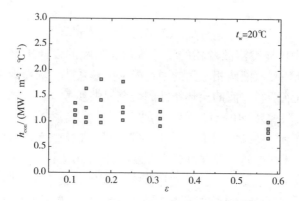

图 5-26　平均凝结换热系数实验关联式预测值随结构参数的变化规律

很短暂的过程，之后恢复相平衡，直到下一次相界面被破坏，这种反复的过程用表面恢复率 s 来描述，在界面上发生的热传导现象可以用以下方程式表示[147]：

$$\rho_w c_p \frac{\partial T}{\partial t} = \lambda_w \frac{\partial^2 T}{\partial x^2} \tag{5-11}$$

式中　λ_w——导热系数，$W \cdot m^{-1} \cdot ℃^{-1}$。

初始条件和边界条件如下：

$$
\begin{aligned}
x = 0, &\quad t > 0, &\quad T = T_i \\
x > 0, &\quad t = 0, &\quad T = T_w \\
x = \infty, &\quad t > 0, &\quad T = T_w
\end{aligned} \tag{5-12}
$$

式中　T_i——界面温度，K；

　　　T_w——水温，K。

考虑到反复过程的时间间隔很小，可以得到瞬时的热流密度：

$$q = 2\rho_w c_p \sqrt{\frac{\alpha_w s}{\pi}} (T_i - T_w) \tag{5-13}$$

式中　α_w——热扩散系数，$m^2 \cdot s^{-1}$。

从而可以得到凝结换热系数的计算式：

$$h_{con} = 1.13 \rho_w c_p \sqrt{\alpha_w s} \tag{5-14}$$

在表面恢复模型中，主要考虑三个扰动源：壁面的扰动、界面处的扰动，以及界面波。因此波动界面的表面恢复率可以表示为：

$$s = s_b + s_i + s_w \tag{5-15}$$

式中　s_b——壁面引起的表面恢复率，s^{-1}；

　　　s_i——汽液界面引起的表面恢复率，s^{-1}；

　　　s_w——界面波引起的表面恢复率，s^{-1}。

对于蒸汽浸没射流凝结，由于壁面产生的恢复率可以忽略，另外，相对于界面处的扰动，界面波的影响可以忽略，因此，只考虑界面处的扰动引起的恢复率：

$$\frac{u_*^2}{s_i \nu} = 85 \tag{5-16}$$

式中　u_*——界面剪切速度，m·s^{-1}，$u_* = \sqrt{\tau_i / \rho_w}$；

　　　$\overline{\tau_i}$——界面平均应力，Pa；

　　　ν——运动黏度，m^2·s^{-1}。

为了计算界面平均应力，假设汽羽内的压力均匀，对汽羽运用稳态动量方程：

$$\frac{d}{dx}(\rho_v v_v^2 \pi r^2) = 2\pi r(x)\tau_i(x) \tag{5-17}$$

对式（5-17）沿着汽羽积分，得到平均应力如下：

$$\overline{\tau_i} = \int_0^l 2\pi r(x)\tau_i(x)dx / \int_0^l 2\pi r(x)dx = \frac{G_e^2 A_e}{\rho_e} / \int_0^l 2\pi r(x)dx \tag{5-18}$$

式（5-18）中关键的是对汽羽表面积的积分，下面将分别针对不同的汽羽形状进行分析。

（1）渐缩形汽羽

对于渐缩形汽羽，可以将其看作是圆锥形，如图5-16所示，不难得出汽羽的表面积为：

$$\int_0^l 2\pi r(x)dx = \frac{\pi d_e \sqrt{l^2 + (d_e/2)^2}}{2} \tag{5-19}$$

（2）膨胀-收缩形汽羽

对于膨胀收缩形汽羽，可以将其看作由一个圆台和一个圆锥组成，如图5-14所示，因此汽羽表面积可以表示成：

$$\int_0^l 2\pi r(x)dx = \frac{\pi m_1(d_e + d_{ex}) + \pi m_2 d_{ex}}{2} \tag{5-20}$$

式中　m_1，m_2——汽羽中圆台和圆锥的母线，mm。

由最大膨胀比的定义和几何关系可得：

$$d_{ex} = d_e \cdot R_{ex} \tag{5-21}$$

$$m_1 = \frac{d_e(R_{ex}-1)}{2\sin\alpha} \tag{5-22}$$

$$m_2 = \sqrt{(d_{ex}/2)^2 + (l-x_p)^2} = \sqrt{(d_e R_{ex}/2)^2 + \left[l - \frac{d_e(R_{ex}-1)}{2\tan\alpha}\right]^2} \tag{5-23}$$

式中 x_p——汽羽中圆台的高，mm。

整理以后得到：

$$\int_0^l 2\pi r(x)\,\mathrm{d}x = \pi \frac{d_e{}^2(R_{ex}^2 - 1)}{4\sin\alpha} +$$

$$\frac{\pi d_e R_{ex}}{2}\sqrt{(d_e R_{ex}^2/2)^2 + \left[l - \frac{d_e(R_{ex}-1)}{2\tan\alpha}\right]^2} \quad (5-24)$$

本书中近似认为 $m_2 \simeq l - x_p = l - \dfrac{d_e(R_{ex}-1)}{2\tan\alpha}$，可以得到汽羽表面积简化的计算式：

$$\int_0^l 2\pi r(x)\,\mathrm{d}x = \pi \frac{d_e{}^2(R_{ex}^2 - 1)}{4\sin\alpha} + \frac{\pi d_e R_{ex}}{2}\left[l - \frac{d_e(R_{ex}-1)}{2\tan\alpha}\right] \quad (5-25)$$

（3）双膨胀-收缩形汽羽

对于双膨胀-收缩形汽羽，可以将其看作由三个圆台和一个圆锥组成，如图 5-15 所示。由于汽羽在起初的膨胀收缩过程中凝结很少，近似认为：

$$m_1 \simeq m_2 \simeq m_3 \quad (5-26)$$

$$x_{p1} \simeq x_{p2} \simeq x_{p3} = x_p \quad (5-27)$$

$$m_4 \simeq l - 3x_p \quad (5-28)$$

式中 m_1、m_2、m_3、m_4——汽羽中三个圆台和圆锥的母线，mm；

x_{p1}、x_{p2}、x_{p3}——汽羽中三个圆台的高，mm。

因此，根据几何关系可以得到汽羽表面积的计算式如下：

$$\int_0^l 2\pi r(x)\,\mathrm{d}x \simeq \frac{3\pi m_1(d_e + d_{ex})(d + d_1)}{2} + \frac{\pi m_4 d_e}{2}$$

$$= \frac{3\pi m_1 d_e(1 + R_{ex})}{2} + \frac{\pi d_e R_{ex}(l - 3x_p)}{2}$$

$$= \frac{3\pi d_e{}^2(R_{ex}^2 - 1)}{4\sin\alpha} + \frac{\pi d_e R_{ex}}{2}\left[l - \frac{3d_e(R_{ex}-1)}{2\tan\alpha}\right] \quad (5-29)$$

（4）收缩-膨胀-收缩形汽羽

对于收缩-膨胀-收缩形汽羽，可以将其看作由两个圆台和一个圆锥组成，如图 5-17 所示。由于汽羽在起初的收缩膨胀过程中凝结很少，近似认为：

$$m_1 \simeq m_2 \quad (5-30)$$

$$x_{p1} \simeq x_{p2} = x_p \quad (5-31)$$

$$m_3 \simeq l - 2x_p \quad (5-32)$$

因此，汽羽表面积可以表示成以下关系式：

$$\int_0^l 2\pi r(x)\,\mathrm{d}x \simeq \frac{\pi m_1(d_e + d_{co}) + \pi m_3 d_e}{2} \tag{5-33}$$

根据收缩比的定义和几何关系，可以得到：

$$d_{co} = dR_{co} \tag{5-34}$$

$$m_1 = \frac{d_e(1 - R_{co})}{2\sin\alpha} \tag{5-35}$$

$$x_p = \frac{d_e(1 - R_{co})}{2\tan\alpha} \tag{5-36}$$

整理后可以得到汽羽表面积的计算式：

$$\int_0^l 2\pi r(x)\,\mathrm{d}x \simeq \frac{\pi d_e^{\,2}(1 - R_{co}^2)}{2\sin\alpha} + \frac{\pi d_e R_{co}}{2}\left[l - \frac{d_e(1 - R_{co})}{\tan\alpha}\right] \tag{5-37}$$

对于双膨胀-发散形汽羽和收缩-膨胀-发散形汽羽按照双膨胀-收缩和收缩-膨胀-收缩形汽羽处理。这样，将公式(5-20)、公式(5-25)、公式(5-29)和公式(5-37)代入公式(5-18)，可以整理得到不同汽羽形状的平均凝结换热系数的计算公式如下：

① 渐缩形汽羽

$$h_{con} = G_e\sqrt{\frac{k_w c_p}{85\nu_w\rho_e\,(1+4L^2)^{1/2}}} \tag{5-38}$$

② 膨胀-收缩形汽羽

$$h_{con} = G_e\sqrt{\frac{k_w \cdot c_p}{85\nu_w\rho_e}\left\{\frac{(R_{ex}^2 - 1)}{\sin\alpha} + R_{ex}\left[2L - \frac{(R_{ex} - 1)}{\tan\alpha}\right]\right\}^{-1}} \tag{5-39}$$

③ 双膨胀-收缩形和双膨胀-发散形汽羽

$$h_{con} = G_e\sqrt{\frac{k_w \cdot c_p}{85\nu_w\rho_e}\left\{\frac{3(R_{ex}^2 - 1)}{\sin\alpha} + R_{ex}\left[2L - \frac{3(R_{ex} - 1)}{\tan\alpha}\right]\right\}^{-1}} \tag{5-40}$$

④ 收缩-膨胀-收缩形和收缩-膨胀-发散形汽羽

$$h_{con} = G_e\sqrt{\frac{k_w \cdot c_p}{85\nu_w\rho_e}\left\{\frac{2(1 - R_{co}^2)}{\sin\alpha} + 2R_{co}\left[L - \frac{(1 - R_{co})}{\tan\alpha}\right]\right\}^{-1}} \tag{5-41}$$

从平均凝结换热系数的表达式可以看出，换热系数主要由汽水的物性参数和汽羽的结构参数，包括膨胀角、膨胀收缩比和无量纲穿透长度决定。由上述公式预测得到的平均凝结换热系数如图5-27所示。从图中可以看出：平均凝结换热系数的数值在 $0.54 \sim 1.53\mathrm{MW} \cdot \mathrm{m}^{-2} \cdot {}^{\circ}\mathrm{C}^{-1}$ 之间；随着蒸汽质量流率的升高，平均凝结换热系数总体变化不大，随着过冷水温度的升高，略有减小的趋势，其变化趋势与实验值的变化趋势基本一致。

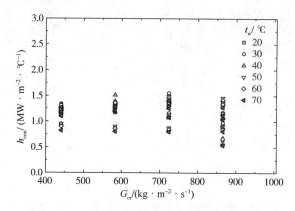

图 5-27　表面恢复模型预测的平均凝结换热系数
随汽水参数的变化规律

图 5-28 所示为表面恢复模型预测得到的汽液两相之间的平均凝结换热系数随喷嘴设计压比的变化规律。从图中可以看出，其变化规律与实验值的变化规律类似。随着喷嘴设计压比的减小，平均凝结换热系数呈现先增大后减小的趋势。

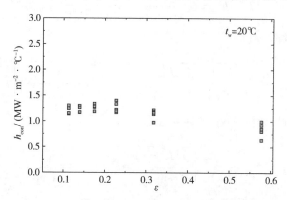

图 5-28　表面恢复模型预测的平均凝结换热系数
随结构参数的变化规律

5.4　本章小结

本章对超音速蒸汽在过冷水中的射流凝结特性进行了实验研究。得到了不同汽水参数和结构参数对蒸汽射流凝结形态、汽羽几何参数及平均凝结换热系数的影响规律。主要结论如下：

（1）在对超音速蒸汽射流凝结的研究中观察到了六种汽羽形状，包括渐缩形、膨胀-收缩形、双膨胀-收缩形和双膨胀-发散形、收缩-膨胀-收缩形、收缩-膨胀-发散形汽羽，同时对凝结形态进行了合理的理论分析。结果表明，蒸汽射流凝结汽羽的形状不仅受蒸汽质量流率和过冷水温度影响，还受到压比的影响。

（2）汽羽无量纲穿透长度主要由蒸汽质量流率、过冷水温度和压比决定，随着蒸汽质量流率和过冷水温度的增加而增加，随着压比的减小而减小。基于实验数据，本书给出了无量纲穿透长度关于凝结势、蒸汽质量流率和压比的实验关联式，预测值和实验值误差在±20%以内。

（3）根据对流换热过程，定量计算了蒸汽射流凝结过程汽液两相之间的平均凝结换热系数，其数值在 $0.70 \sim 2.51\,\mathrm{MW \cdot m^{-2} \cdot \mathbb{C}^{-1}}$ 之间。随着喷嘴设计压比的减小，平均凝结换热系数呈现出先增大后减小的趋势，在本书的实验条件范围内，喷嘴设计压比在 0.228 时，超音速蒸汽射流具有最大的凝结换热系数。建立了预测超音速蒸汽射流凝结汽液两相之间的凝结换热系数的实验关联式，得出的凝结换热系数为 $0.47 \sim 1.81\,\mathrm{MW \cdot m^{-2} \cdot \mathbb{C}^{-1}}$，其与凝结换热系数的实验值具有相同的变化趋势。此外，建立了计算六种汽羽形状表面积的简化模型，并利用表面恢复模型预测得到的平均凝结换热系数的值在 $0.54 \sim 1.53\,\mathrm{MW \cdot m^{-2} \cdot \mathbb{C}^{-1}}$ 之间，其变化趋势与实验值的变化趋势相似。

6 超音速蒸汽在过冷水中射流凝结过程㶲分析

在超音速汽液两相流升压装置的混合腔内，超音速蒸汽将其可用能传递给过冷水，从而实现对冷水的加热加压，且装置的可用能损失主要发生在混合腔内汽液两相区，所以超音速汽液两相流升压装置的性能直接取决于汽液相间传递特性。因此，研究汽液直接接触凝结过程中相间的质量、动量及能量传递规律，特别是相间可用能的传递规律，是分析超音速汽液两相流升压机理的关键。

由于蒸汽超音速流动并伴随着剧烈的相变，使得高速蒸汽与过冷水直接接触凝结的机理十分复杂。常规的实验通常采用高速相机拍摄射流凝结的流型从而针对相界面进行研究。但常规的实验手段较难获得高速流场内部的细节，限制了相间传递机理的研究。采用数值方法，模拟超音速蒸汽与过冷水直接接触凝结过程，可以获取流场的详细参数，从而更加深入地分析相间质量、动量及能量传递机理。本章采用三维稳态模型对超音速蒸汽在过冷水中射流凝结的过程进行数值计算，获取流场中详细参数，进而对该过程进行㶲分析，研究了可用能变化规律及相间可用能传递及衰变机理，同时分析了该紊动射流的时均动能衰变率与射流消能率。

6.1 超音速蒸汽射流凝结过程数值模拟

6.1.1 物理过程及几何模型

第 5 章对超音速蒸汽在过冷水中的射流凝结现象进行了一系列的实验研究。实验系统主要包括蒸汽发生器、蒸汽喷嘴、凝结水箱、测量系统及数据采集系统，如图 5-1 所示。饱和蒸汽在喷嘴内部膨胀加速至超音速，最后射入过冷水中，与过冷水直接接触发生剧烈的凝结现象。水箱侧面为钢化玻璃，以进行可视化实验研究其凝结形态。温度及压力测量模块安装在三维支架上以测量整个流场的参数。水箱四角浸没深度 500mm 处各布置了热电偶以监测过冷水温度。本书采用数值方法，对上述物理过程进行了研究。

本书以上述实验系统为基础进行几何建模。蒸汽喷嘴的几何模型与实验一致，几何尺寸如图 6-1 所示。实验中水箱尺寸为 3000mm×1200mm×1000mm，喷嘴的浸没深度为 500mm。由于蒸汽凝结过程主要发生在喷嘴出口附近较小的区域，远离汽羽的区域为单相过冷水，对射流凝结的影响较小。而且汽羽的穿透长度在喷嘴喉部直径的 15 倍以下，汽羽的最大直径在喷嘴喉部直径的 3 倍以下。因此，为提高计算效率，计算区域选为圆柱体域，其直径为 300mm，长度为 850mm，如图 6-2 所示。

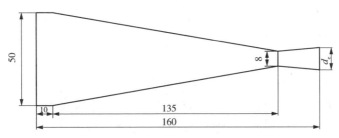

图 6-1　超音速蒸汽喷嘴示意图

图 6-2　计算区域示意图

高质量的网格是模型能够平稳且准确计算的前提，特别是对于相变如此剧烈的超音速蒸汽射流凝结过程，网格质量对计算模型是否收敛及计算结果是否准确具有非常重要的影响。针对复杂的多相流问题，Fluent 建议采用结构化网格进行计算。本书采用软件 ICEM 进行结构化网格划分。由于计算区域及蒸汽喷嘴均为中心对称结构，因此，采用双层 O-Block 嵌套方法对流体域进行划分以提高圆弧壁面处网格质量，如图 6-3 所示。同时由于相间的质量、动量及能量传递主要发生在喷嘴出口附近的相界面上，导致喷嘴出口及相界面附近各物理量梯度较大，因此该区域是研究的重点区域，为获得更为精确且详细的流场参数，确保计算模型的收敛，对喷嘴出口附近区域网格进行了加密。远离喷嘴出口区域为单相水，流动及换热较为平缓，为提高计算效率，此处仍采用较为稀疏的网格。

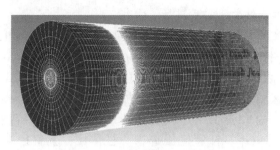

图6-3　流体域网格示意图

6.1.2　蒸汽相变模型

超音速蒸汽与过冷水直接接触凝结的换热系数通常在$1MW \cdot m^{-2} \cdot ℃^{-1}$的量级，其凝结速率非常高，使得相间的质量传递过程非常剧烈。并且第 5 章研究也发现，蒸汽喷嘴结构参数、蒸汽及冷水的状态参数对凝结速率有较大影响。Fluent 软件自带了相变模型，但该模型中凝结速率仅仅取决于弛豫时间、汽液两相的体积分数、密度及温度，并未考虑高速流动对凝结过程的影响。然而，高速蒸汽在水中凝结的过程中，流体的流动对于凝结过程有着非常重要的影响。而且，弛豫时间的选择缺乏一定的理论依据。因此，模拟软件自带的相变模型已经不能被用来描述如此剧烈而又复杂的凝结过程，这就需要寻找更加合适的模型来模拟高速蒸汽在过冷水中剧烈凝结的相变过程，而且，相变模型的选择对于该物理过程能否成功模拟起着至关重要的作用。本书基于热相变模型，并进行了适当的假设，建立了超音速蒸汽浸没射流凝结模型，如图6-4所示。

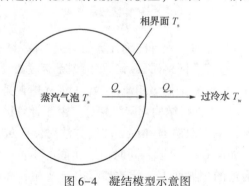

图6-4　凝结模型示意图

该模型主要基于以下假设：

（1）蒸汽气泡为球形；

（2）相界面处于热平衡，即蒸汽传递给相界面的热量等于相界面传递给过冷水的热量；

（3）相界面的温度为该区域压力对应的饱和温度；

（4）蒸汽处于饱和状态；

（5）忽略过程中液相的蒸发及蒸汽在喷嘴中膨胀加速导致的自发凝结。

热相变模型通过求解相界面面积 A_{sw} 和界面换热系数 h，从而求解界面质量传递速率 m_{sw}。单位体积内相界面面积由蒸汽气泡的比表面积及蒸汽的体积分数决定，如式（6-1）所示：

$$A_{sw} = \frac{\alpha_s \cdot \pi d_s^3/6}{\pi d_s^2} = \frac{6\alpha_s}{d_s} \tag{6-1}$$

式中　α_s——蒸汽的体积分数；

　　　d_s——蒸汽气泡直径。

气泡的平均直径由水的过冷度决定，如式（6-2）所示：

$$d_s = \frac{d_1(\theta - \theta_0) + d_0(\theta_1 - \theta)}{\theta_1 - \theta_0} \tag{6-2}$$

式中　d_0、d_1——过冷度为 θ_0 及 θ_1 时的平均直径。

Anglart and Nylund[145] 给出了不同过冷度下气泡平均直径的推荐值：当过冷度 $\theta_0 = 13.5K$ 时，$d_0 = 1.5 \times 10^{-4} m$；当过冷度 $\theta_0 = 0K$ 时，$d_1 = 1.5 \times 10^{-3} m$。

$$d_s = \begin{cases} 0.0015 & \theta \leqslant 0 \\ 0.0015 - 0.0001\theta & 0 < \theta < 13.5K \\ 0.00015 & \theta \geqslant 13.5K \end{cases} \tag{6-3}$$

热相变模型将蒸汽凝结过程中的热量传递分为两个阶段：蒸汽首先在相界面处凝结，将热量传递给相界面；相界面再通过对流将热量传递给过冷水。相界面处于稳态，即流入相界面的热量等于流出相界面的热量，从而根据相界面上的热量守恒求解蒸汽的凝结速率。

由于蒸汽处于饱和状态，并假设了相界面温度为饱和温度，则蒸汽和相界面间对流换热可忽略，因此蒸汽传递给相界面的总热量仅来自蒸汽凝结释放的潜热，如式（6-4）所示：

$$Q_s = m_{sw}\gamma_s \tag{6-4}$$

相界面传递给冷水的热量为两者间的对流换热量，如式（6-5）所示：

$$Q_w = h_w A_{sw}(T_s - T_w) \tag{6-5}$$

水侧的对流换热系数通过水侧的努赛尔数求解：

$$h_w = \frac{k_w Nu_w}{d_s} \tag{6-6}$$

水侧的努塞尔数为：

$$Nu_w = \begin{cases} 2.0 + 0.6\,Re_r^{0.5}\,Pr^{0.33} & 0 \leqslant Re \leqslant 776.06 \\ 2.0 + 0.27Re_r^{0.62}\,Pr^{0.33} & Re \geqslant 776.06 \end{cases} \tag{6-7}$$

式中，Re_r 为蒸汽和冷水的相对雷诺数；密度、动力黏度等参数选取为水的物性参数，特征长度为气泡直径。

$$Re_r = \frac{\rho_w \mid U_s - U_w \mid d_s}{\mu_w} \tag{6-8}$$

Pr 为过冷水的普朗特数：

$$Pr_r = \frac{c_p \mu_w}{k_w} \tag{6-9}$$

最后根据相界面上的热量守恒 $Q_s = Q_w$ 求解蒸汽的凝结速率：

$$m_{sw} = \frac{h_w A_{sw}(T_s - T_w)}{\gamma_s} \tag{6-10}$$

从上述公式可知：当蒸汽的体积分数趋近于 1 时，蒸汽的凝结速率较大，大量的热量传递给了相界面。但此时过冷水体积分数趋近于 0，不足以将蒸汽传递给相界面的热量带走，从而导致模型出错。因此，针对极端情况，需要对模型进行修正。为了兼顾计算的准确性及模型的收敛性，采用"伞限制"[137] 对模型的体积换热系数进行修正。其中汽液两相的体积换热系数为：

$$H_w = h_w A_{sw} \tag{6-11}$$

当网格内蒸汽的体积分数大于 0.99 时，"伞限制"开始生效，其形式为：

$$H_w = \min \left\{ \begin{array}{l} H_w,\ 17539\max[4.724,\ 4.724\alpha_s(1-\alpha_s)] \times \\ \max\left[0,\ \min\left(1.0,\ \dfrac{\alpha_s - 1.0\times10^{-10}}{0.1 - 1.0\times10^{-10}}\right)\right] \end{array} \right\} \tag{6-12}$$

6.1.3 数值模型及验证

（1）多相流模型

对于超音速蒸汽在过冷水中的射流凝结过程，蒸汽相及水相都可以作为连续介质。基于连续介质模型，Fluent 提供了三种常用的多相流模型：VOF（Volume Of Fluid）模型、混合物模型及欧拉模型。VOF 模型是一种表面跟踪模型，常用于模拟存在明显界面且不能混合的两种或者多种流体的流动。混合物模型是一种简化模型，对混合物的质量、动量及能量方程进行求解，而非对每一相构建守恒方程。Eulerian 模型从理论上来讲，可以应用到所有的两相甚至多相流动中，同时，也是三种模型中最复杂的两相流模型。Eulerian 模型对每一相各自的质量、动量、能量方程进行求解，进而获得各相的详细参数。但由于需要联立求解方程众多，所以计算时间明显长于 VOF 以及 Mixture 模型，而且程序较难收敛。

为获取更加精确的流场参数，本书采用 Eulerian 多相流模型来模拟超音速蒸汽在过冷水中的流动及凝结换热过程。Eulerian 多相流模型为系统中的每一相单独建立质量、动量及能量守恒方程并单独求解。

对于第 q 相，其质量守恒方程为：

$$\frac{\partial}{\partial t}(\alpha_q \rho_q) + \nabla(\alpha_q \rho_q \vec{v}_q) = \sum_{p=1}^{n}(m_{pq} - m_{qp}) + S_q \quad (6\text{-}13)$$

式中　v_q——第 q 相的速度；

$\quad\quad m_{pq}$——第 p 相向第 q 相的质量传递速率；

$\quad\quad m_{qp}$——第 q 相向第 p 相的质量传递速率；

$\quad\quad S_q$——源相。

对于第 q 相，其动量守恒方程为：

$$\frac{\partial}{\partial t}(\alpha_q \rho_q \vec{v}_q) + \nabla(\alpha_q \rho_q \vec{v}_q \vec{v}_q) = -\alpha_q \nabla P + \nabla \tau_q + \alpha_q \rho_q \vec{g} +$$
$$\sum_{p=1}^{n}(\vec{R}_{pq} + m_{pq}\vec{v}_{pq} - m_{qp}\vec{v}_{qp}) + \vec{F}_q + \vec{F}_{\text{lift},q} + \vec{F}_{vm,q} \quad (6\text{-}14)$$

式中　v_{qp}、v_{pq}——相间速度，定义如下：若 $m_{qp} > 0$（即第 p 相的质量传递给第 q

$\quad\quad\quad\quad\quad$ 相），则 $v_{pq} = v_p$，若 $m_{qp} < 0$，则 $v_{pq} = v_q$；

$\quad\quad \tau_q$——第 q 相的应力张量；

$\quad\quad F_q$——外部体积力；

$\quad\quad F_{vm,q}$——虚拟质量力；

$\quad\quad R_{pq}$——相间的相互作用。

对于第 q 相，其能量守恒方程为：

$$\frac{\partial}{\partial t}(\alpha_q \rho_q h_q) + \nabla(\alpha_q \rho_q \vec{v}_q h_q) = -\alpha_q \frac{\partial P_q}{\partial t} + \nabla \tau_q : \nabla q_q +$$
$$S_q + \sum_{p=1}^{n}(Q_{pq} + m_{pq}h_{pq} - m_{qp}h_{qp}) \quad (6\text{-}15)$$

式中　h_q——第 q 相的比焓；

$\quad\quad q_q$——热流密度；

$\quad\quad S_q$——源相；

$\quad\quad Q_{pq}$——相间热交换强度。

（2）湍流模型

高速蒸汽射入过冷水中的过程，流动的雷诺数较高，相邻的流体层掺混剧烈，速度等流动特性都随机变化，需要对流动的湍流特征进行描述。现有的 CFD 数值方法对于湍流的数值计算一般分为以下三个范畴：DNS（Direct Numerical

Simulation）直接模拟方法、LES（Large Eddy Simulation）大涡模拟方法及 RANS（Reynolds Average Navier-Stokes）雷诺时均方程。本书的模拟对象为稳定射流，采用雷诺时均方程描述湍流。本书采用 Realizable k-ε 模型，与 Standard k-ε 模型相比，该模型有以下两个修正：

① 计算湍流黏性时，采用了新的公式；

② 用新的公式来计算湍流耗散率，该公式从均方涡的波动方程中推导出来。

Realizable k-ε 模型，对于平板以及圆孔的射流更加准确。能更准确地模拟包括旋流、边界层的逆压梯度、边界层的分离以及循环。本书所研究的对象也是圆孔内蒸汽的射流过程，因此，采用 Realizable k-ε 湍流模型来研究射流凝结的物理过程。

图 6-5 中描述了在不同壁面法线方向上距离的速度分布规律。从图中更可以看出：当存在固体壁面时，沿着壁面发现方向上不同的距离可将流动划分为黏性底层、过渡区、对数律层以及湍流核心区。为了描述流动在黏性底层以及对数率内的流动规律，引入两个无量纲参量 u^+ 和 y^+，分别用来表述速度和距离，具体定义如下：

$$u^+ = \frac{u}{u_\tau} \tag{6-16}$$

$$y^+ = \frac{\Delta y}{v}\sqrt{\frac{\tau_w}{\rho}} \tag{6-17}$$

式中　u——流体的平均速度；

u_τ——壁面摩擦速度；

τ_w——壁面切应力；

Δy——到壁面的距离。

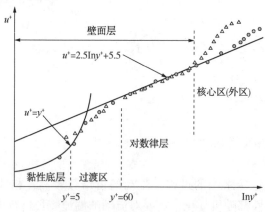

图 6-5　壁面区与相应的速度

由于 Realizable k-ε 湍流模型主要是针对充分发展的湍流过程，也就是说，这些模型均是用来描述高雷诺数的流动过程。但是，由于流体黏性的存在、壁面无滑移条件的影响，对于近壁区雷诺数较低，分子黏性对流动的影响大于湍流应力对流动的影响，而且，流动基本处于层流状态，湍流应力几乎不起作用。所以，近壁面区域的流动状况不能直接使用 Realizable k-ε 湍流模型来描述，需要采取其他的处理方式。解决近壁区低雷诺数下湍流的流动状态，通常采用两种途径：一种是壁面函数法；另一种是采用低雷诺数 k-ε 模型来求解黏性影响比较明显的区域。壁面函数法的基本思想如图 6-6 所示。湍流的核心区必然属于高雷诺数流动区域，在此区域采用 Realizable k-ε 模型来求解，在近壁区并不对其进行直接求解，而是将壁面上的物理量与湍流核心区通过半经验公式联系起来。通过这种方法，就无需对壁面区的流动进行求解，即可直接获得与壁面相邻的控制体的节点的变量。

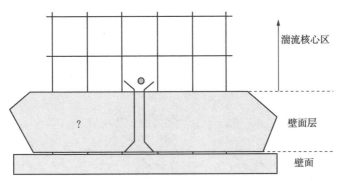

图 6-6　壁面函数法对应的计算网格

壁面函数法避免了由于壁面的存在而对湍流模型修改的必要，靠近壁面的第一个网格节点应该布置在旺盛湍流区。低雷诺数下 k-ε 流模型函数的核心思想：对高 Re 数 k-ε 湍流模型进行修正的方法，使得修正后的模型可以自动适应不同 Re 数的区域。而对于低雷诺数下的 k-ε 模型，需要在黏性影响较大的壁面区(层流底层以及过渡区)划分比较密的网格，而且，越靠近壁面，网格应该越密。相比而言，壁面函数法无须在壁面附近对网格进行加密，所以，相对低雷诺数下的湍流模型来讲，减小了计算的花销。由于在高速蒸汽射流的过程中，壁面附近并不存在凝结现象，所以，在蒸汽射流的湍流模拟过程中，采用 Realizable k-ε 模型与壁面函数相配合的方法来解决近壁区低雷诺数下的湍流问题。根据湍流模型的选择，CFD 提供了四种壁面函数法：①标准壁面函数法；②非平衡壁面函数法；③增强型壁面函数法；④自定义壁面函数法。根据 CFD 中的帮助文件，标准壁面函数适用于高雷诺数在壁面附近的流动问题，该模型考虑了压力梯度效应，擅长求解冲击等问题，对于平均速度与压力梯度关，且流场变化迅速的复杂问题，因此，在本模拟过程中，采用标准壁面函数。

（3）曳力模型

在超音速蒸汽射流凝结的过程中，汽液两相之间速度差及密度差很大，两相间的相互作用非常明显。本书主要考虑了相间曳力、湍流弥散及湍流交互。同时选择合适的相间作用模型，能确保数值模拟结果的正确性。针对双流体多相流模型，Fluent 提供了七种曳力模型：Schiller-naumann 模型、Morsi-alexander 模型、Symmetric 模型、Grace et al. 模型、Tomiyama et al. 模型、Ishii 模型及 Universal-drag 模型。某一相在某一区域不占主导地位，但在别的区域可能会占据主导地位，这种情形适合用 Symmetric 模型来描述其相间曳力。在超音速蒸汽射流凝结过程中，汽羽附近区域，蒸汽相占主导，而在汽羽尾部及以后，水相逐步占据主导，因此本书采用 Symmetric 模型来模拟汽液相间的曳力。在 Eulerian 多相流模型中，各相之间通过相间交换系数进行耦合，而曳力函数是相间交换系数 K_{sw} 的重要影响因素。

$$K_{sw} = \frac{\alpha_s(\alpha_w\rho_w + \alpha_s\rho_s)f_d}{\tau_{sw}} \qquad (6-18)$$

$$\tau_{sw} = \frac{(\alpha_w\rho_w + \alpha_s\rho_s)d_s^2}{18(\alpha_w\mu_w + \alpha_s\mu_s)} \qquad (6-19)$$

$$f_d = \frac{C_d Re}{24} \qquad (6-20)$$

$$C_d = \begin{cases} \dfrac{24(1+0.15\,Re^{0.687})}{Re} & Re \leqslant 1000 \\ 0.44 & Re > 1000 \end{cases} \qquad (6-21)$$

式中　f_d——曳力函数；

　　　τ_{sw}——流体的松弛时间；

　　　C_d——曳力系数。

（4）湍流弥散

当采用 Eulerian 多相流模型来描述多相湍流流动时，Fluent 采用湍流弥散来描述相间湍流动量的传递。Fluent 提供了四种湍流弥散模型：Lopez de Bertodano 模型、Simonin 模型、Burns et al. 模型及 Diffusion in VOF 模型。本书采用了 Diffusion in VOF 模型来描述相间的湍流弥散。该模型通过在质量守恒方程中加入湍流弥散项来描述湍流弥散，对于第 q 相，其质量守恒方程 5-13 变为：

$$\frac{\partial}{\partial t}(\alpha_q \rho_q) + \nabla(\alpha_q \rho_q \overrightarrow{v}_q) = \nabla(\gamma_q \nabla \alpha_q) + \sum_{p=1}^{n}(m_{pq} - m_{qp}) + S_q \quad (6\text{-}22)$$

式中 γ_q ——第 q 相的弥散系数，且式(6-20)中的弥散项需满足以下条件:

$$\sum_{q=1}^{n} \nabla(\gamma_q \nabla \alpha_q) = 0 \quad (6\text{-}23)$$

为满足式(6-21)这一约束条件，副相的弥散系数可表示为:

$$\gamma_q = \frac{\mu_{t,q}}{\sigma_q} \quad (6\text{-}24)$$

式中 μ_q ——该相的湍流黏度;

σ_q ——常数，一般取 0.75。

主相的弥散项 D_q 可表示为:

$$D_1 = -\sum_{p=2}^{n} D_p \quad (6\text{-}25)$$

(5) 边界条件

合理的边界条件是数值方法准确求解的必要条件。在实验中，蒸汽喷嘴入口处装有压力变送器，以实验中测得进汽压力作为蒸汽喷嘴的压力入口边界条件。蒸汽喷嘴的壁面采用绝热边界条件。流体域的其余边界均采用压力出口边界条件，压力设置为 102kPa，温度设置为水池的初始温度。由于进出口边界距离流场参数突变的凝结区较远，所以出入口边界上使用了均匀湍流条件。本书采用湍流强度及水力直径的方法来确定边界上的湍流参数，其中湍流强度的计算方法如公式(6-26)所示。开始计算之前需设置计算区域的初始化条件。本书将整个计算域初始化为静止的水，汽相体积分数设为 0，全场压力初始化为 102kPa，温度初始化为水池内的初始温度。

$$I = \frac{u'}{u_{avg}} = 0.16 \, Re^{-0.125} \quad (6\text{-}26)$$

(6) UDF 的编写、编译及链接

为了充分满足用户的模拟需求(例如:定值边界条件、改变控制方程的源相、改变反应速率、采用更加精确的材料属性、对物理模型进行定制、初始化等)，CFD 软件为用户预留的自定义函数 UDF 接口。通过 UDF 可以实现 CFD 标准模型所不能实现的功能。UDF 程序的编写语言为标准的 C 语言，用户可以将该 UDF 动态地链接到 CFD 的求解器中。UDF 的核心思想就是:通过 CFD 里的预定义宏，获取流场变量、材料属性、流动单元的几何信息等，实现 UDF 与 CFD 求解器之间实现数据交换。从求解器获得数据又通过标准 C 函数输入各种函数、进行选择、循环的结构，将 UDF 的结果以返回值的方式返回到 CFD 求解器中，进而实现 UDF 与 CFD 自带求解器之间的数据交换。

UDF 分为解释型(Interpreted)和编译型(Complied)两类。编译型 UDF 采用与 FLUENT 软件一致的软件构建方式，以调用 C 语言编译器里的 Makefile 脚本书件的方式建立一个本地目标代码库(Native Object Code Library)。这个代码库的内容就是 C 语言源程序被翻译而成的机器语言代码。在 UDF 被加载后，该代码库通过"动态加载过程"与 FLUENT 求解器相连。而解释型 UDF 是在被需要时直接从 C 语言源程序中被加载和编译的，虽然其调用过程更简便，但是其执行速度很慢，未能与 CFD 自带的编译系统连接，导致 C 语言元素不能被完全支持。因此，在本书的研究中，采用编译型 UDF 的方式来实现凝结模型的嵌入。

使用 UDF 实现相间的质量传递，必须调用相应的 DEFINE 宏，才能访问或者获取求解器内的数据，进而对其进行处理或者操作，以完成预想的功能。在本书的模拟过程中，主要采用的是 DEFINE_ MASS_ TRANSFER 宏。在处理多相流问题过程中，DEFINE_MASS_ TRANSFER 宏用来计算质量、动量、能量中的源相。当物质输运模型打开时，还可以用来确定一种物质向另一种物质的转化。该宏的哑元参数包括：name、c、mixture_ thread、from–phase–index、from_ species_ index、to_phase_ index、to_ species_ index。该宏的返回值为一个实数，具体到本书的模拟研究中为蒸汽的凝结速率，其单位为 $kg \cdot m^{-3}$。从上一节的相变模型中可以看到，相变模型中涉及某压力下的饱和温度、某压力下的饱和蒸汽的焓值以及饱和水的焓值，因此，在 UDF 中也编制了水蒸气热力参数的子程序，供 DEFINE_ MASS_ TRANSFER 宏调用。注意，在 UDF 的编写过程中，所有物理量均使用国际标准单位，在完成 UDF 的编写之后，需要在 FLUENT 求解器中进行编译。在编译之前，需要在系统中以完全安装的形式正确配置 C 语言编译器 (Visual Studio)，之后，按照如下步骤进行加载编译：

① 将编写完成的 C 语言文件以文件名 .c 的格式与需要计算的 case 放置于同一个工作目录中，在 CFD 控制面板上点击 Define–>User defined–>Functions–>Complied 打开 Complied UDFs 控制面板。

② 在 Complied UDFs 界面，点击 Add 按钮，在工作目录里选择 condensation. c 文件，点击 Bulid 按钮；之后，在 CFD 显示窗口会出现已完成创建库 libudf. lib 和对象 libudf. exp；同时，会在工作目录下生成名为"libudf"的文件夹，该文件夹就是当地的目标代码库；之后，在 Complied UDFs 窗口点击 Load 按钮，FLUENT 会从代码库中加载函数，加载之后，这些原有的 UDF 中所用的函数就可以被 FLUENT 中的各个模型所调用。

③ 在编译之后，需要在相关的模型设置中嵌入(Hook)所需的函数，实现

UDF 的嵌入。具体到蒸汽射流凝结的模型中，蒸汽在水的凝结是以相间作用的形式，进而影响控制方程的源相。在控制面板的主面板上点击 phase 按钮，选择相间作用 interaction，选择质量传递 Mass，质量传递过程为蒸汽相向水相，在 Mechanism 的下拉菜单中选择 User Defined Function 按钮，选择已经加入的 mass_transfer：：libudf，至此，就完成了凝结模型的嵌入过程。

（7）模型的验证

为消除网格质量对计算结果的影响，首先对网格无关性进行验证。本书选取了 3 种规格的网格：141673、221457 及 295681。其区别主要在于喷嘴出口附近汽液两相区网格的密度。选用出口直径为 8.8mm 的喷嘴，在进汽压力为 400kPa、冷水温度为 30℃时，对三种网格分别进行模拟计算。图 6-7 给出了三种网格尺寸下轴向速度分布。在三种网格尺寸下，轴向速度分布规律类似，且当网格数量为 221457 及 295681 时，轴向速度分布基本重合。因此，兼顾计算精度与效率，选取了节点数为 221457 的网格。

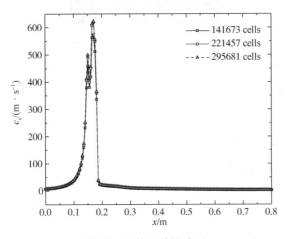

图 6-7　网格无关性验证

验证完网格无关性后，以实验结果为参考，分别从定性（凝结形态）及定量（温度场）的角度对数值计算结果进行验证。首先，对凝结形态进行定性比对。进行了可视化实验，利用高速相机获取了凝结形态。在 CFD 后处理阶段，将蒸汽体积分数为 95% 作为汽羽边界，通过数值手段获取了凝结形态。图 6-8 给出了实验获取的凝结形态和模拟获取的蒸汽体积分数云图，实验及模拟工况为：喷嘴出口直径为 8.8mm，进汽压力为 400kPa，冷水温度为 30℃。从实验及模拟获取的凝结形态对比图发现：在该工况下，汽羽均为收缩型，且两者几何尺寸吻合良好。其次，定量地比对了数值模拟结果与实验结果。图 6-9 给出了数值模拟和实验所获取的轴向温度分布，实验及模拟工况为：喷嘴出口直径为 11.2mm，进汽压力为 400kPa，冷水温度为 30℃。从比对结果看出：二者趋势基本相同，由于蒸汽在喷嘴内部过度膨胀，在喷嘴出口产生激波，蒸汽被压缩，导致温度先升高。激波过后蒸汽轴向温度急剧的衰减至环境水温。通过上述对比发现，该数值模型具有较高的可靠性，为后续进一步的数值研究奠定了基础。

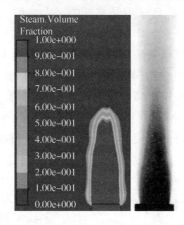

图 6-8　汽羽形状模拟结果与实验结果[132]对比

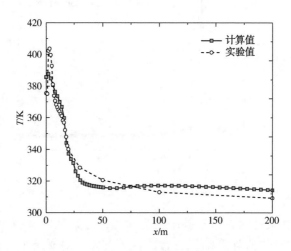

图 6-9　轴向温度模拟结果与实验结果[132]对比

6.2　超音速蒸汽射流凝结过程㶲分析

6.2.1　㶲分析模型

本书在数值计算的基础上对超音速蒸汽在过冷水中的射流凝结过程进行了㶲

分析。垂直流动方向取数个直径为 100mm 的横断面，如图 6-10 所示，以这些横断面为研究对象，研究通过横断面总的物理㶲及横断面上的物理㶲流密度。由于超音速蒸汽在过冷水中的射流凝结不涉及化学过程，本书仅针对该过程的物理㶲进行了研究。忽略掉重力势能，该过程涉及的物理㶲包括蒸汽焓㶲、蒸汽动能㶲、水焓㶲及水动能㶲。工质的比焓㶲及比动能㶲分别由以下公式计算，其中焓㶲的计算以 0.1MPa、20℃ 为基准。

$$e_{h,s} = (h_s - h_0) - T_0(s_s - s_0) \tag{6-27}$$

$$e_{k,s} = \frac{1}{2}c_s^2 \tag{6-28}$$

$$e_{h,w} = (h_w - h_0) - T_0(s_w - s_0) \tag{6-29}$$

$$e_{k,w} = \frac{1}{2}c_w^2 \tag{6-30}$$

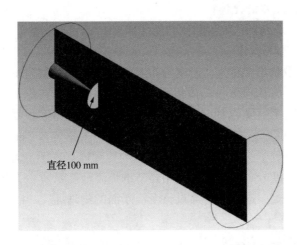

直径100 mm

图 6-10　物理㶲计算截面示意图㶲分析模型

　　横断面上的物理㶲流密度反映了物理㶲沿径向的分布规律，体现了蒸汽物理㶲向过冷水传递的过程。物理㶲流密度由公式(6-29)及公式(6-30)计算。㶲流密度沿横断面积分即为通过该横断面的物理㶲，如公式(6-31)~公式(6-34)所示。经计算通过各横断面的总物理㶲，可以获得沿流动方向相间可用能的传递及变化规律。

$$e_{f,h} = \frac{c_x e_h}{v} \tag{6-31}$$

$$e_{f,k} = \frac{c_x e_k}{v} \tag{6-32}$$

$$E_{h,s} = \int_A \alpha e_{f,h,s} \mathrm{d}A \tag{6-33}$$

$$E_{k,s} = \int_A \alpha e_{f,k,s} \mathrm{d}A \tag{6-34}$$

$$E_{h,w} = \int_A (1 - \alpha) e_{f,h,w} \mathrm{d}A \tag{6-35}$$

$$E_{k,w} = \int_A (1 - \alpha) e_{f,k,w} \mathrm{d}A \tag{6-36}$$

$$E_{total} = E_{h,s} + E_{k,s} + E_{h,w} + E_{k,w} \tag{6-37}$$

式中　c_x——蒸汽或水的轴向速度；

　　　v——蒸汽或水的比体积；

　e_h 和 e_k——蒸汽或水的比焓㶲和比动能㶲；

　　　α——蒸汽体积分数。

因此，为获取横断面的㶲流密度分布及通过横断面的物理㶲，本书通过 CFD 手段获取了流场的详细参数，具体包括横断面上各节点所占据的通流面积、压力分布、蒸汽体积分数、蒸汽轴向速度分布、过冷水温度分布以及过冷水轴向速度分布，如图 6-11 所示。在 CFD 后处理中，首先，根据各节点的温度、压力及速度计算各节点处的比㶲；其次，利用各节点的比㶲计算各节点处的㶲流密度，获得横断面上㶲流密度分布；最后，利用各节的㶲流密度及所占据的通流面积计算通过各节点的物理㶲，进而获得通过整个横断面的物理㶲。

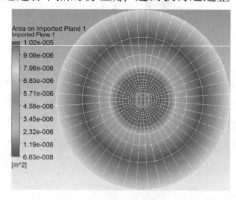

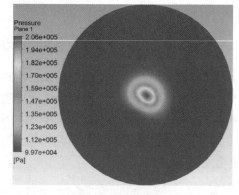

(a)各节点处通流面积　　　　　　　　　　(b)压力分布

图 6-11　横断面几何参数及流场参数

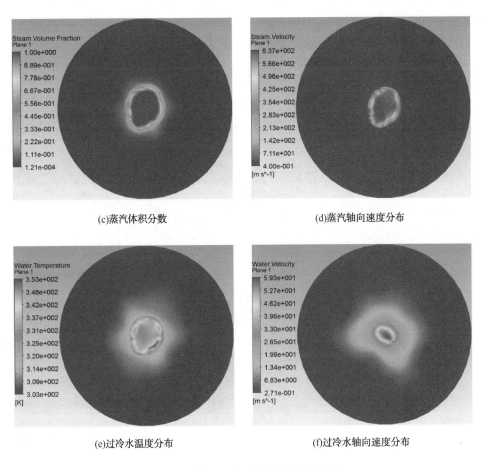

(c)蒸汽体积分数　　　　　　　　　(d)蒸汽轴向速度分布

(e)过冷水温度分布　　　　　　　　(f)过冷水轴向速度分布

图 6-11　横断面几何参数及流场参数(续)

6.2.2　物理㶲轴向变化规律

　　图 6-12 给出了不同过冷水温度下物理㶲沿流动方向的变化规律。喷嘴喉部直径为 8mm，出口直径为 8.8mm，进汽压力为 400kPa，过冷水温度分别为 20℃、30℃、40℃、50℃、60℃，喷嘴出口位置为轴向(x 轴)零点。沿流动方向，随着蒸汽逐渐凝结，蒸汽焓㶲逐渐减小。由于蒸汽喷嘴面积比较小，蒸汽在喷嘴内未能充分膨胀，其出口压力高于环境水压力，蒸汽在过冷水中继续膨胀加速，蒸汽焓㶲进一步转化为动能㶲；同时沿流动方向，蒸汽逐渐凝结；在上述两个因素共同影响下，沿流动方向，蒸汽动能㶲呈现出先增大后减小的变化趋势。随着蒸汽全部凝结，其焓㶲和动能㶲最终衰变为零。

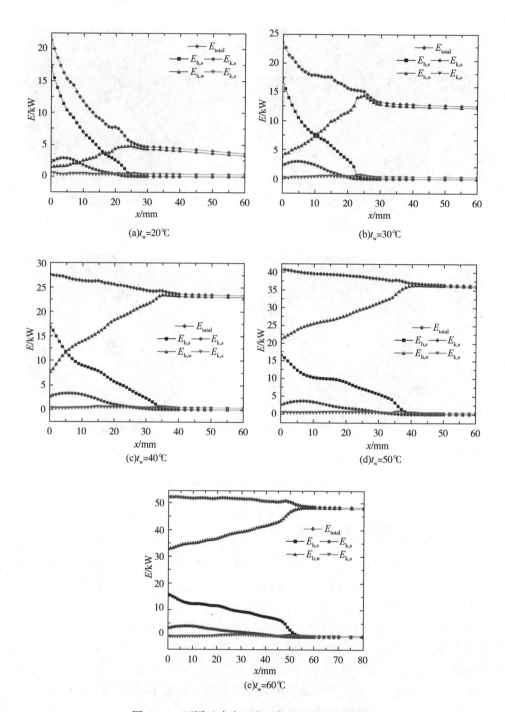

图 6-12　不同过冷水温度下物理㶲的分布规律

随着蒸汽的凝结，其热量传递给过冷水，使得过冷水焓㶲增加；高温水与低温水以对流的形式进行不可逆的温差传热，从而导致㶲损失；在上述两个因素共同影响下，水的焓㶲呈现出先增大后减小的变化趋势，特别是在过冷水温较低时（20℃、30℃），由于换热温差大，高温水与低温水之间温差传热的不可逆性增加，从而导致较大的㶲损失，水焓㶲的下降趋势较为明显，呈现出较明显的峰值。同时，由于相间的速度差及曳力，蒸汽与冷水以"碰撞"的形式进行不可逆的动量传递，蒸汽的部分动能㶲转化为水的动能㶲。随着蒸汽全部凝结，汽液两相流最终变为均匀的单相流体，这一过程可看作"完全非弹性碰撞"过程，会导致非常可观的机械能损失。此外，通过仿真发现，水的动能㶲比焓㶲小1~2个数量级。

通过横断面总的物理㶲包括蒸汽焓㶲、蒸汽动能㶲、水焓㶲和水动能㶲。由于相间不可逆的动量传递及温差传热导致的不可逆性，沿流动方向，总物理㶲逐渐减小。此外，沿流动方向，随蒸汽逐渐凝结，相间质量、动量及能量传递逐步减弱，总物理㶲的衰变速率也随之减小。此外，随着过冷水温度的增加，汽液两相换热温差及高温水与低温水之间的换热温差都变小，温差传热导致的不可逆性降低，总物理㶲的衰变速率随之减小。

图6-13给出了不同进汽压力下物理㶲沿流动方向的变化规律。喷嘴喉部直径为8mm，出口直径为8.8mm，过冷水温度为30℃，进汽压力分别为200kPa、300kPa、400kPa、500kPa及600kPa。随着进汽压力增加，蒸汽温度及速度随之增加，相间作用更加强烈，因此蒸汽焓㶲的衰变速率及水焓㶲的增加速率均随之增加；由于汽羽穿透长度的增加，水焓㶲峰值的位置向下游移动。由于相间质量传递速率增加，蒸汽动能㶲峰值的位置向上游移动，且在进汽压力较高时（600kPa），蒸汽动能㶲峰值消失。

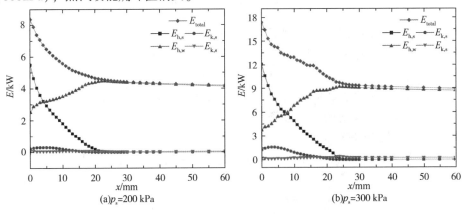

图6-13　不同进汽压力下物理㶲的分布规律

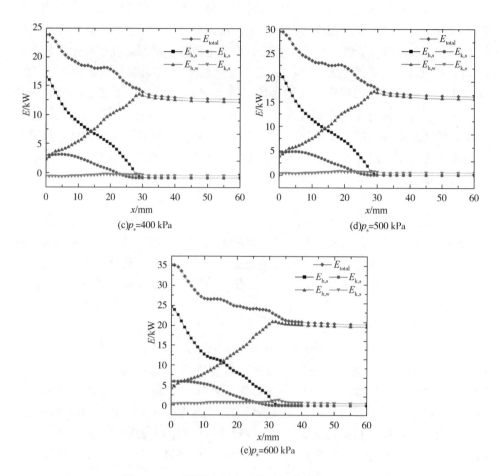

(c)p_s=400 kPa

(d)p_s=500 kPa

(e)p_s=600 kPa

图 6-13 不同进汽压力下物理烟的分布规律(续)

图 6-14 给出了不同蒸汽喷嘴面积比下物理烟沿流动的变化规律。喷嘴喉部直径为 8mm，出口直径分别为 8.8mm、9.6mm、10.4mm、11.2mm 及 12mm，过冷水温度为 30℃，进汽压力为 400kPa。

随着蒸汽喷嘴面积比的增加，喷嘴出口处蒸汽的状态逐渐由欠膨胀转变为过膨胀，蒸汽动能烟峰值的位置逐渐向上游移动，并且在较大的面积比下(1.96、2.25)，蒸汽动能烟峰值消失。

随着蒸汽喷嘴面积比的增加，汽羽穿透长度减小，从而导致水焓烟峰值的位置向上游移动。

此外，总物理烟受其影响较小。

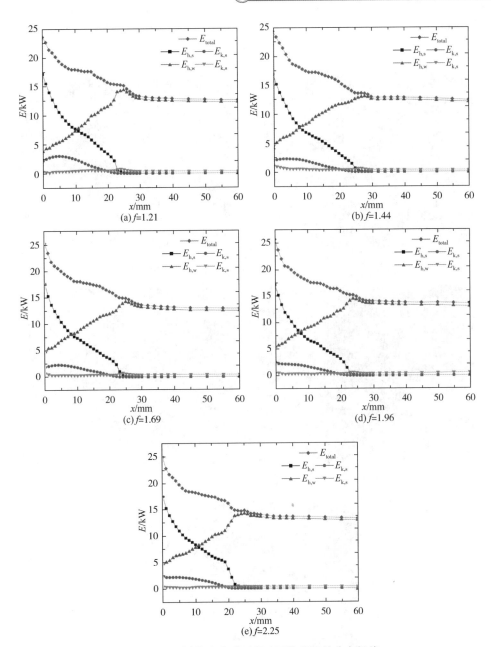

图 6-14　不同蒸汽喷嘴面积比下物理㶲的分布规律

6.2.3　物理㶲径向分布规律

图 6-15 给出了不同过冷水温度下物理㶲沿径向的分布规律。喷嘴喉部直径

为 8mm，出口直径为 8.8mm，进汽压力为 400kPa，过冷水温度分别为 20℃、30℃、40℃、50℃、60℃，喷嘴出口位置为轴向(x 轴)零点。

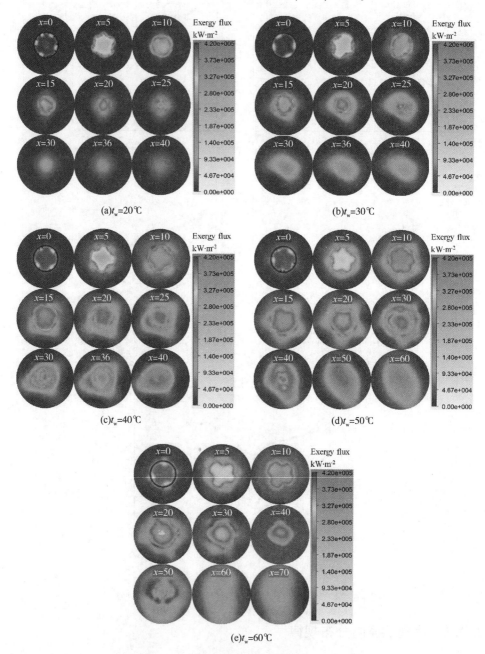

图 6-15　不同过冷水温度下径向物理㶲的分布规律

由于蒸汽的比焓㶲远高于冷水，且高温蒸汽以超音速喷射进入过冷水中，因此，汽相区㶲流密度远高于液相区㶲流密度。此外，蒸汽与过冷水在相界面处进行剧烈的质量、动量及能量传递，由于相间速度差、温度差及压力差，导致了该传递过程中可用能大量损失，使得相界面处㶲流密度梯度较大。随着物理㶲从蒸汽向过冷水的传递，沿径向及轴向，汽相区㶲流密度均逐渐降低。液相区高温水与低温水以对流的形式传递㶲，由于温差传热导致的不可逆性，㶲流密度逐渐降低，但由于对流换热系数与凝结换热系数数量级上的差异，沿流动方向各截面上液相区物理㶲分布情况类似，各截面上㶲流密度梯度较小且均匀。从图中还可以看出：随着过冷水温度的增加，相间的质量、动量及能量传递减弱，相间传递的不可逆性降低，在同一截面位置，相界面处㶲流密度梯度减小，但物流㶲分布范围更广。过冷水温度是影响蒸汽凝结及流动特性的关键因素，从而对物理㶲的径向分布规律有着重要影响。

图 6-16 给出了不同进汽压力下物理㶲沿径向的分布规律。喷嘴喉部直径为 8mm，出口直径为 8.8mm，过冷水温度为 30℃，进汽压力分别为 200kPa、300kPa、400kPa、500kPa 及 600kPa。随着进汽压力的增加，蒸汽㶲流密度显著增加，在同一截面位置，物理㶲分布范围更广，且㶲流密度梯度增加。由于平均凝结换热系数随进汽压力的增加而减小[132]，所以进汽压力越小，相邻截面上物理㶲分布变化越明显。

图 6-17 给出了不同蒸汽喷嘴面积比下物理㶲径向分布规律。喷嘴喉部直径为 8mm，出口直径分别为 8.8mm、9.6mm、10.4mm、11.2mm 及 12mm，过冷水温度为 30℃，进汽压力为 400kPa。由于采用的是收缩-扩张形蒸汽喷嘴，理想情况下，随着喷嘴面积比增加，蒸汽喷嘴喉部通流面积不变，蒸汽流量不变，即总物理㶲不变，但出口面积增加，使得喷嘴出口处物理㶲流密度降低；实际运行中，随着蒸汽喷嘴面积比的增加，喷嘴效率降低，使得蒸汽在喷嘴内部膨胀的不可逆损失增加；同时，蒸汽喷嘴面积比较大时，喷嘴出口或者扩张段会产生激波，从而导致可观的不可逆损失。所以，随着蒸汽喷嘴面积比的增加，喷嘴出口处㶲流密度变小。由于喷嘴出口面积增加，物理㶲分布范围随之增加。此外，随蒸汽喷嘴面积比的增加，蒸汽在喷嘴内膨胀更加充分，喷射进入过冷水中蒸汽温度随之降低，从而减小了汽液温差传热的不可逆性，使得横断面上特别是相界面处㶲流密度梯度降低。

物理㶲的径向分布形象地展示了可用能从蒸汽向过冷水传递并衰变的过程。过冷水温度、进汽压力及蒸汽喷嘴面积比通过影响超音速蒸汽的凝结及流动特性，从而对超音速蒸汽在过冷水中射流凝结物理㶲的径向分布有着重要影响。

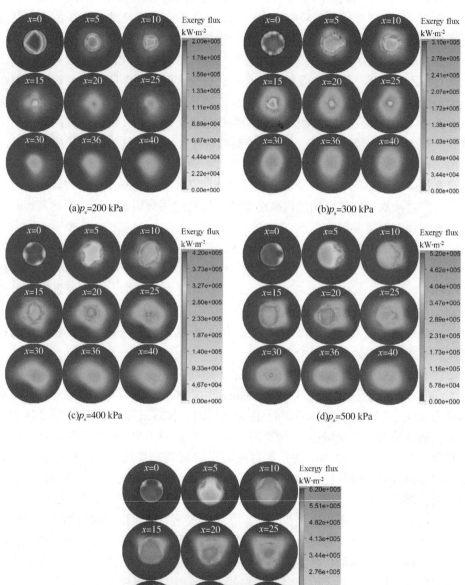

图 6-16　不同进汽压力下物理㶲径向分布规律

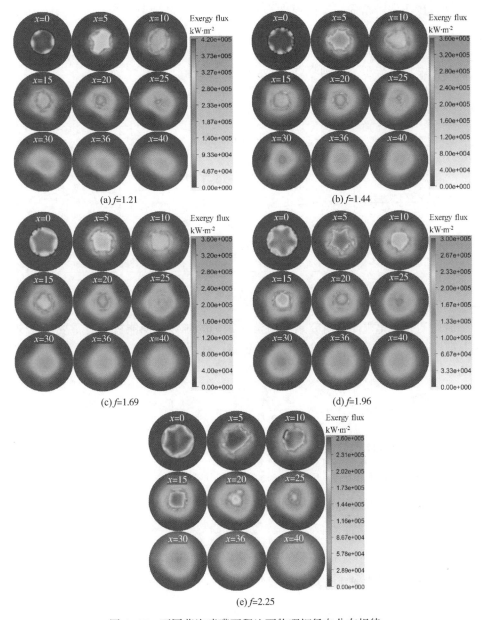

图 6-17　不同蒸汽喷嘴面积比下物理㶲径向分布规律

6.2.4　时均动能衰变率与消能率

学者们对超音速蒸汽射流尾迹区速度分布进行了大量研究，紊动射流同自由紊动射流类似，超音速蒸汽在过冷水中射流凝结的尾迹区也发现了速度分布的自相似性，在任意横断面，轴向速度沿径向分布符合高斯分布规律，如图6-18所示。因此，本书采用自由紊动射流理论，进一步对超音速蒸汽在过冷水中射流凝结紊动特性进行了研究。紊动射流的区域划分如图6-18所示，可分为起始段及主体段，虚拟射流源为x'轴零点。

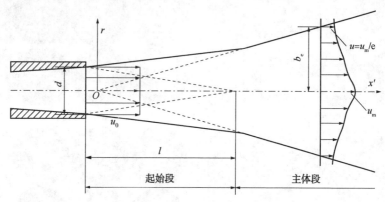

图6-18 紊动射流区域划分示意图

时均动能变化规律对研究紊动射流机械烟的转化和消能机理有重要的意义，也是研究超音速汽液两相流升压特性的关键。在射流任一横断面上，总的时均动能为：

$$TE_k = TE_{k,s} + TE_{k,w} = \frac{1}{2}\int_A \frac{\alpha_s c_s^3}{v_s}dA + \frac{1}{2}\int_A \frac{(1-\alpha_s)c_w^3}{v_w}dA \qquad (6-38)$$

式中 α_s——蒸汽体积分数；

dA——面积微元。

蒸汽喷嘴出口断面总的时均动能为：

$$TE_{k,0} = \frac{1}{2}\int_{A_0} \frac{c_s^3}{v_s}dA \qquad (6-39)$$

超音速蒸汽浸没射流时均动能衰变率 E_j 为：

$$E_j = \frac{TE_k}{TE_{k,0}} \qquad (6-40)$$

时均动能消能率 K_j 为：

$$K_j = \frac{TE_{k,0}-TE_k}{TE_{k,0}} = 1-E_j \qquad (6-41)$$

图 6-19 给出了不同过冷水温度下时均动能衰变率及消能率沿流动方向的变化规律。喷嘴喉部直径为 8mm，出口直径为 8.8mm，进汽压力为 400kPa，过冷水温度分别为 20℃、30℃、40℃、50℃、60℃。横轴 X 为距离虚拟射流源 O 的轴向无量纲距离，定义为：

$$X = \frac{x'}{d} \tag{6-42}$$

式中，x' 为距离虚拟射流源 O 的轴向距离，d 为喷嘴出口直径，如图 6-18 所示。

在过冷水温度较低的情况下（20~40℃），当轴向无量纲距离在 0.5~2.5 范围内时，超音速蒸汽浸没射流总动能衰变率较快；而在轴向无量纲距离大于 2.5 后，总动能衰变率较为缓慢。例如，在轴向无量纲距离等于 2.5 处，射流消能率约为 82%，在轴向无量纲距离等于 5 处，射流消能率约为 83%。在过冷水温度较高的情况下（50~60℃），当轴向无量纲距离在 0.5~4 范围内时，超音速蒸汽浸没射流总动能衰变率较快；而在轴向无量纲距离大于 4 后，总动能衰变率较为缓慢。例如，在轴向无量纲距离等于 5 处，射流消能率约为 82%，在轴向无量纲距离等于 7 处，射流消能率约为 85%。因此，过冷水温度是影响射流消能率的关键因素，随进水温度的升高，在相同的无量纲位置，射流消能率呈降低趋势，使得总动能衰变速率降低。

图 6-20 给出了不同进汽压力下时均动能衰变率及消能率沿流动方向的变化规律。喷嘴喉部直径为 8mm，出口直径为 8.8mm，过冷水温度为 30℃，进汽压力分别为 200kPa、300kPa、400kPa、500kPa 及 600kPa。当轴向无量纲距离在 0.5~2.5 范围内时，超音速蒸汽浸没射流总动能衰变率较快；而在轴向无量纲距离大于 2.5 后，总动能衰变率较为缓慢。例如，在轴向无量纲距离等于 3 处，射流消能率约为 82%；而在轴向无量纲距离等于 5 处，射流消能率约为 84%。此外，采用紊动射流理论分析发现，进汽压力对射流消能率影响不大，随进汽压力的增加，总动能衰变速率稍有增加。

图 6-21 给出了不同蒸汽喷嘴面积比下时均动能衰变率及消能率沿流动方向的变化规律。喷嘴喉部直径为 8mm，出口直径分别为 8.8mm、9.6mm、10.4mm、11.2mm 及 12mm，过冷水温度为 30℃，进汽压力为 400kPa。当轴向无量纲距离在 0.5~2 范围内时，超音速蒸汽浸没射流总动能衰变率较快；而在轴向无量纲距离大于 2 后，总动能衰变率较为缓慢。例如，在轴向无量纲距离等于 2.5 处，射流消能率约为 83%；而在轴向无量纲距离等于 4 处，射流消能率约为 85%。此外，随蒸汽喷嘴面积比的增加，总动能衰变速率稍有减小，但变化不大。

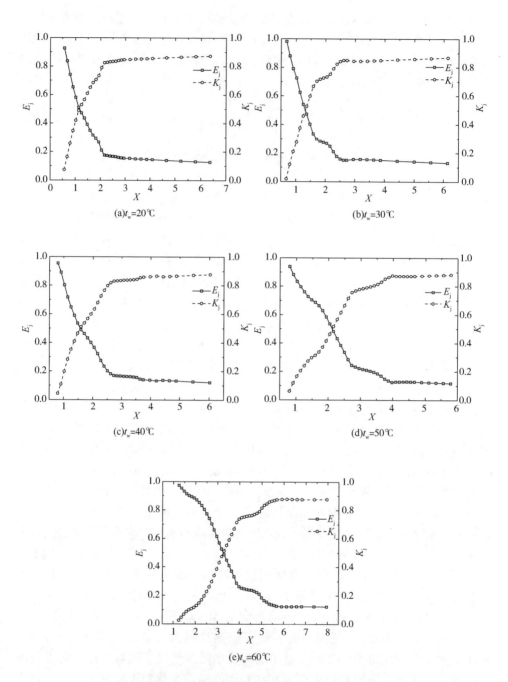

图 6-19　不同过冷水温度下时均动能衰变率与消能率分布规律

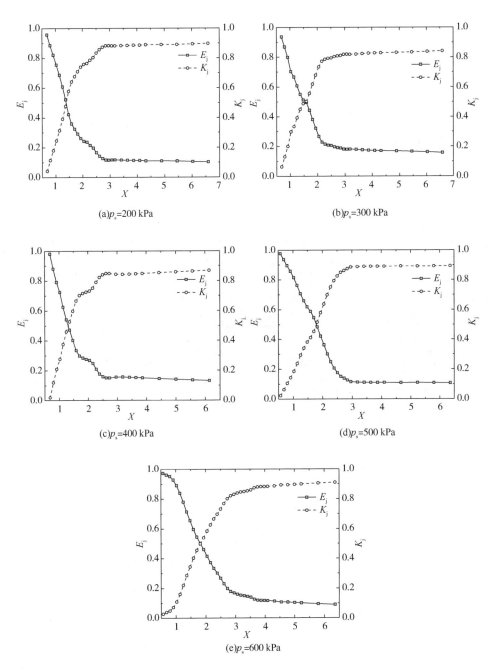

(a)p_s=200 kPa

(b)p_s=300 kPa

(c)p_s=400 kPa

(d)p_s=500 kPa

(e)p_s=600 kPa

图 6-20　不同进汽压力下时均动能衰变率与消能率分布规律

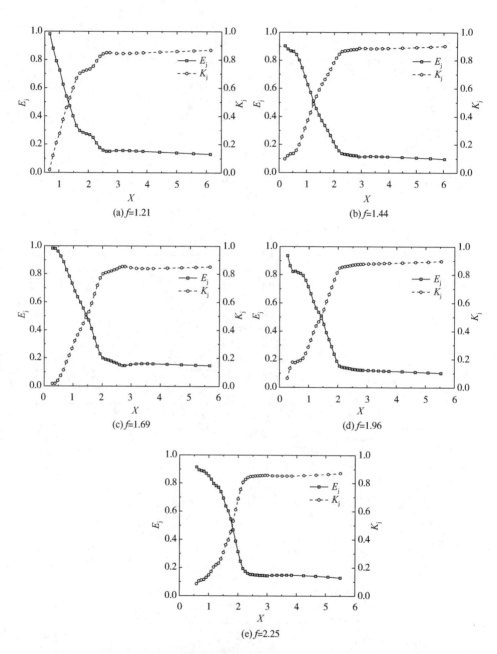

图 6-21　不同蒸汽喷嘴面积比下时均动能衰变率与消能率分布规律

针对圆形自由紊动射流，文献[149]给出了时均动能衰变率及消能率的相似解，即：

$$E_{\mathrm{j}} = \frac{TE_{\mathrm{k}}}{TE_{\mathrm{k,0}}} = \frac{4.3}{x'/d} \tag{6-43}$$

而采用紊动射流理论对超音速蒸汽在过冷水中的射流凝结分析发现，过冷水温度、进汽压力及蒸汽喷嘴面积比对超音速蒸汽射流总动能衰变率也有一定的影响，特别是过冷水温度对动能衰变率有非常显著的影响。为此，本书根据汽水参数及结构参数对时均动能衰变率的影响规律，对上述相似解进行了修正，获得了超音速蒸汽浸没射流时均动能衰变率的相似解，即：

$$E_{\mathrm{j}} = \frac{0.73}{x'/d} - 0.09 f_{\mathrm{sn}} - 0.01 \left(\frac{p_{\mathrm{s}}}{p_0} \right) + 0.09 \left(\frac{t_{\mathrm{w}}}{t_0} \right) \tag{6-44}$$

式中　f_{sn}——蒸汽喷嘴面积比；

　　　p_{s}——进汽压力，kPa；

　　　p_0——环境压力，取 100kPa；

　　　t_{w}——过冷水温度，℃；

　　　t_0——环境温度，取 20℃。

图 6-22 给出的是超音速蒸汽浸没射流时均动能相似解的残差分布，预测误差在 ±15% 以内。

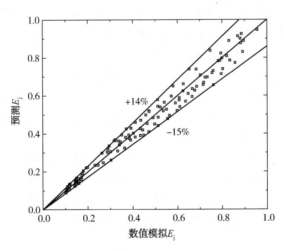

图 6-22　时均动能衰变率相似解残差

6.3　本章小结

本章借助 CFD 手段，对超音速蒸汽与过冷水直接接触射流凝结过程进行了㶲分析。首先，建立了超音速蒸汽在过冷水中射流凝结的计算模型，分别从几何模型、凝结模型、多相流模型、相间作用、湍流模型、边界条件及初始化条件等角度进行了详细介绍，并验证了模型的可靠性，从而通过仿真获取了流场的详细参数；其次，建立了超音速蒸汽在过冷水中射流凝结㶲分析模型，分析了物理㶲沿流动方向的变化规律及径向分布规律；最后，在圆形自由紊动射流理论基础上，对超音速蒸汽在过冷水中的射流消能率及时均动能衰变率进行了研究。主要得到如下结论：

（1）在超音速蒸汽与过冷水直接接触射流凝结过程中，物理㶲沿流动方向的变化规律主要受到进汽压力和过冷水温度的影响，蒸汽喷嘴面积比对其影响较小。蒸汽的凝结及流动特性决定了物理㶲的轴向变化规律。对于欠膨胀超音速蒸汽射流，其蒸汽动能㶲出现峰值的变化规律是由蒸汽的膨胀和凝结共同决定的，且随着蒸汽的凝结，其焓㶲及动能㶲最终衰变至零；过冷水焓㶲出现峰值的变化规律是由蒸汽凝结及温差传热的不可逆性决定的，且在过冷水温度较低时（20℃，30℃），由于温差传热导致的不可逆损失较大，该峰值较为明显。由于相间不可逆的动量传递及温差传热导致的不可逆性，总物理㶲呈现出单调递减的变化规律。同时，随着过冷水温度的降低或进汽压力的升高，相间质量、动量及能量传递驱动力增加，使得相间作用的不可逆性增加，导致总物理㶲衰变速率增加。

（2）物理㶲的径向分布主要受进汽压力、过冷水温度和蒸汽喷嘴面积比的影响。物理㶲径向分布同样由蒸汽的凝结及流动特性所决定。物理㶲径向分布形象地展示了可用能从蒸汽向过冷水转移并衰变的过程。相间作用的驱动力越强，可用能从蒸汽向过冷水转移的过程越快，但导致的㶲损失越大。蒸汽区的㶲流密度远高于液相区的㶲流密度，由于相间剧烈的质量、动量及能量传递，相界面处存在较大的㶲流密度梯度，该梯度随过冷水温度或蒸汽喷嘴面积比的增加而减小，随进汽压力的增加而增加。

（3）过冷水温度是影响超音速蒸汽在过冷水中射流消能率的关键因素。随过冷水温度的增加，射流消能率降低，时均动能衰变速率降低。同时，综合考虑过冷水温度、进汽压力及蒸汽喷嘴面积比的影响，对圆形紊动射流时均动能衰变率的相似解进行了修正，获得了超音速蒸汽在过冷水中射流时均动能衰变率的相似解。

（4）通过分析超音速蒸汽射流物理㶲的变化规律及分布情况，可以获得超音速汽液两相流中可用能的传递及衰变规律，为研究超音速汽液两相流升压机理及优化设计提供参考。

7 技术展望

近半个世纪以来，国内外学者对超音速汽液两相流升压装置进行了一系列实验和理论研究，详细分析了其升压机理、流动特性及整体性能。本课题组经过多年的实验和理论研究，已经基本掌握了超音速汽液两相流升压装置的各种性能特点以及不同汽水参数和结构参数对其性能的影响规律，建立起了通用性较好的性能计算模型，获取了超音速汽液两相流相间可用能的传递及衰变规律，而本书的工作也是其中的一部分。针对本书研究工作中的不足，同时考虑到超音速汽液两相流升压装置的应用现状及广阔的应用前景，今后还需要在以下几个方面进行深入研究：

（1）针对中心进水-环周进汽型超音速汽液两相流升压装置进行系统的可视化，准确获取变截面通道混合腔内流型转变的条件，找到混合腔内含汽率的变化规律以及凝结激波位置、厚度等细节信息，继续完善超音速汽液两相流升压装置的数学模型。

（2）气泡尺度是相间动量及质量传递的重要影响因素。本书仿真过程参考了文献[148]中泡状流气泡直径，该直径为毫米尺度且与水的过冷度呈线性关系。因此，有必要进行细微尺度的可视化实验，获取高速蒸汽射流凝结过程中气泡直径的分布规律，特别是相界面处的气泡直径分布规律。在此基础上，进一步研究射流凝结的机理，完善动量及质量传递模型，从而建立适用于超音速汽液两相流升压装置的精确仿真模型，借助 CFD 手段，实现其优化设计。

参 考 文 献

[1] 国家能源局. 能源发展"十三五"规划[R]. 北京，2016.

[2] 索科洛夫，津格尔. 喷射器[M]. 黄秋云，译. 北京：科学出版社，1977.

[3] 严俊杰，黄锦涛，何茂刚. 冷热电联产技术[M]. 北京：化学工业出版社，2006：1-86.

[4] 田疆，刘继平，严俊杰，等. 超音速汽液两相流升压加热器用于供热系统的研究[J]. 热力发电，2003，32(10)：22-25.

[5] 田疆，刘继平，严俊杰，等. 汽液两相流喷射升压加热器供热系统特性研究[J]. 节能，2003，(9)：16-19.

[6] 王晓峰，高胜利，刘继平，等. 超音速汽液两相流升压加热器用于除盐水加热系统的研究[J]. 热力发电，2003，32(8)：16-19.

[7] 曾玲娜，王刚，严俊杰，等. 超音速汽液两相流升压加热装置供热系统的经济性[J]. 山东电力技术，2003，(4)：1-4.

[8] 王立慧，张学建，赵龙，等. 基于CFD数值模拟的蒸汽喷射器性能研究[J]. 食品工业，2014，(1)：207-211.

[9] 王立慧，许玉谋，冯静. 基于Fluent的蒸汽喷射器结构研究与优化[J]. 舰船电子对抗，2016，39(5)：106-112.

[10] 肖泽军，卓文彬，陈炳德，等. 先进压水堆非能动安全系统研究进展[J]. 核动力工程，2004，25(1)：27-31.

[11] Narabayashi T, Mizumachi W, Michitugu M. Study on two-phase flow steam injectors[J]. Nuclear Engineering and Design, 1997, 175(1-2)：147-156.

[12] Narabayashi T, Mizumachi W, Michitugu M, et al. Study on two-phase flow dynamics in steam injectors II：High-pressure texts using scale-models[J]. Nuclear Engineering and Design, 2000, 200(1-2)：261-271.

[13] Malibashev SK. Use of an injector in the first loop[J]. Atomic Energy, 1995, 79(2)：498-502.

[14] Popov EL, Stanev IE. Improving safety with a steam injector[J]. Nuclear Engineering International, 1995, 40(409)：36-37.

[15] 黄来，张建玲，彭敏，等. 第3代核电技术AP1000核岛技术分析[J]. 湖南电力，2009，29(4)：1-3.

[16] 陈学俊，袁旦庆. 能源工程(增订本)[M]. 西安：西安交通大学出版社，2007：1-5.

[17] 严俊杰，武心壮，种道彤，等. 低温乏汽回收利用装置性能的实验研究[J]. 西安交通大学学报，2009，43(5)：8-12.

[18] 殷贤炎. 乏汽回收的经济型评价[J]. 节能，2007，10：37-39.

[19] 司艳霞，高登山，徐曼，等. KLAR乏汽回收装置在热力除氧器上的应用[J]. 河南化工，2009，26：47-48.

[20] 黎子峰. 一种除氧器乏汽回收新技术[J]. 山西能源与技能，2006，3(42)：44-45.

[21] 李小龙，张朋飞，严俊杰，等. 旋流喷射乏汽回收装置性能的实验研究[J]. 工程热物理

学报，2009，30(5)：799-802.

[22] 张朋飞，李小龙，严俊杰，等. 低温乏汽回收利用装置性能的实验研究[J]. 工程热物理学报，2009，30(7)：1152-1154.

[23] 严俊杰，杨建军，张朋飞，等. 结构参数对低温乏汽回收利用装置性能影响的实验研究[J]. 西安交通大学学报，2010，44(1)：1-4.

[24] Zhang B, Shen SQ. A Theoretical Study on a Novel Bi-Ejector Refrigeration Cycle[J]. Applied Thermal Engineering, 2006, 26：622-626.

[25] Passakorn S, Satha A. A Circulating System for a Steam Jet Refrigeration System[J]. Applied Thermal Engineering, 2005, 25：2247-2257.

[26] 沈胜强，张程，李素芬. 蒸汽喷射式热泵在纸机干燥部供热的㶲分析[J]. 中国造纸学报，2004，19(2)：105-108.

[27] 赖英旭，郑之初，吴应湘. 蒸汽引射稠油输送新技术[J]. 流体力学实验与测量，2003，17(2)：78-83.

[28] 严俊杰，刘继平，林万超，等. 汽液两相流喷射升压装置的机理研究[J]. 核动力工程，2001，22(6)：490-493.

[29] Yan JJ, Shao SF, Liu JP, et al. Experiment and analysis on performance of steam-driven jet injector for district-heating system[J]. Applied Thermal Engineerin, 2005, 25：1153-1167.

[30] Miyazaki K, Nakajima I, Fujiie Y, et al. Condensing Heat Transfer in Steam-Water Condensing-Injector[J]. Journal of Nuclear Science and Technology, 1973, 10(7)：411-418.

[31] Matsuo K, Kawagoe S, Sonoda K. Studies of Condensation Shock Wave[J]. Bulletin of JSME, 1986, 29(248)：439-443.

[32] Iwaki C, Narabayashi T, Michitugu M, et al. Study on High Performance of Steam Injector [J]. Transactions of the Japan Society of Mechanical Engineers, Series B, 2003, 69(684)：1814-1821.

[33] Kawamoto Y, Abe Y, Iwaki C, et al. Effect of Non-Condensable Gas on Steam Injector [C]. 12th Conference on Nuclear Engineering, Arlington Virginia, USA, 2004.

[34] Narabayashi T, Ohmori S, Mori M, et al. Development of Multi-Stage Steam Injector for Feedwater Heaters in Simplified Nuclear Power Plant[J]. JSME International Journal, 2006, Series B, 49(2)：368-376.

[35] Aladyev IT, Krantov FM, Teplov SV. Experimental Study of Flow in the Mixing Chamber of an Injector[J]. Fluid Mechanics-Soviet Research, 1981, 10(6)：92-103.

[36] Aladyev IT, Krantov FM, Mukhin VA, et al. Investigation of a Condensing Injector[J]. Fluid Mechanics-Soviet Research, 1981, 10(6)：104-115.

[37] Aladyev IT, Kabakov VI, Teplov SV. Investigations of a Multijet Injector at Different Ratio of the Velocities of the Mixing Streams and Different Areas of the Mixing Chamber Exit[J]. Fluid Mechanics-Soviet Research, 1981, 10(6)：115-145.

[38] Khurayev LV. Experimental Study of the Startup of a Stream-Condensing Injector in a Closed-Loop System[J]. Fluid Mechanics-Soviet Research, 1981, 10(6)：125-156.

[39] Suurman S. Steam-Driven Injectors Act as Emergency Reactor Feedwater Supply[J]. Power, 1986, 3: 95.

[40] Cattadori G, Galbiati L, Mazzocchi L, et al. A single-stage high pressure steam injector for next generation reactors: test results and analysis[J]. International Journal of Multiphase Flow, 1995, 21: 591-606.

[41] Deberne N, Leone JF, Duque A, et al. A model for calculation of steam injector performance [J]. International Journal of Multiphase Flow, 1999, 25: 841-855.

[42] Deberne N, Leone JF, Lallemand A. Local measurements in the flow of a steam injector and visualization[J]. International Journal of Thermal Science, 2000, 39: 1056-1065.

[43] Malibashev SK. Experimental investigation of transparent model of steam-water injector with a convergent nozzle[J]. Atomic Energy, 2001, 90(6): 469-474.

[44] Malibashev SK. Experimental investigation of a steam-water injector with a tapered nozzle [J]. Atomic Energy, 2001, 91(2): 617-626.

[45] Trela M, Kwidzinski R. Modeling of Physical in Supercritical Two-Phase Steam Injector [J]. Archives of Thermodynamics, 2003, 24(4): 15-34.

[46] Trela M, Kwidzinski R, Bula M. Maximum Discharge Pressure of Supercritical Two-Phase Steam Injector[J]. Archives of Thermodynamics, 2004, 25(1): 41-52.

[47] Jaworek A, Krupa A, Trela M. Capacitance sensor for void fraction measurement in water/steam Flows[J]. Flow Measurement and Instrumentation, 2004, 15: 317-324.

[48] Trela M, Butrymowicz D, Dumaz P. Experimental Investigations of Heat Transfer in Steam-Water Injector[C]. 5th International Conference on Multiphase Flow, Yokohama, Japan, May 30-June 4, 2004.

[49] Dumaz P, Geffraye G, Kalitvianski V, et al. The DEEPSSI project, design, testing and modeling of steam injectors[J]. Nuclear Engineering and Design, 2005, 235: 233-251.

[50] 何大林, 王志远, 童明伟. 火电厂运用引射混合型低压加热器的可行性试验[J]. 河南科技大学学报: 自然科学版, 2008, 29(5): 22-25.

[51] 蔡琴, 童明伟, 沈斌, 等. 多喷嘴引射混合式加热器加热性能的试验研究[J]. 动力工程, 2009, 29(8): 773-776.

[52] 张强, 童明伟, 刘彬. 引射混合式低压加热器结构及性能研究[J]. 煤气与热力, 2010, 30(3): 3-7.

[53] 李刚, 袁益超, 刘聿拯, 等. 汽水喷射器升压特性及输出量的调节方法[J]. 电机工程学报, 2008, 28(17): 39-42.

[54] 马昕霞, 袁益超, 黄鸣, 等. 喷嘴汽-液两相喷射器的工作特性研究[J]. 中国电机工程学报, 2012, 32(14): 56-64.

[55] 马昕霞, 袁益超, 刘聿拯. 一种新型多喷嘴汽-液喷射器的性能[J]. 化工学报, 2011, 62(5): 125 8-1263.

[56] 马昕霞, 袁益超, 刘聿拯, 等. 喷嘴气-液两相喷射过程的试验[J]. 机械工程学报, 2012, 47(22): 147-152.

[57] 马昕霞，袁益超，黄鸣，等. 环周进水汽-液两相喷射性能优化[J]. 热能与动力工程，2012，27(1)：33-37.

[58] 严俊杰，刘继平，邢秦安，等. 汽液两相流直接接触升压加热装置性能的研究[J]. 汽轮机技术，2001，43(6)：347-350.

[59] 刘继平，严俊杰，林万超，等. 汽液两相流激波升压过程的实验研究[J]. 西安交通大学学报，2002，36(1)：1-3.

[60] 严俊杰，刘继平，邢秦安，等. 变截面通道内超音速两相流最大升压能力研究[J]. 西安交通大学学报，2003，37(9)：881-884.

[61] 郭迎利，李盛，严俊杰，等. 有再循环系统的超音速两相流升压性能的研究[J]. 热能动力工程，2003，18(5)：463-466.

[62] 严俊杰，刘继平，邢秦安，等. 变截面超音速汽液两相流升压过程的研究[J]. 工程热物理学报，2003，24(4)：599-602.

[63] 刘继平，严俊杰，邢秦安，等. 低进汽压力下超音速两相流升压特性实验研究[J]. 工程热物理学报，2003，24(2)：268-270.

[64] 刘继平，严俊杰，陈国强，等. 环周进汽两相流喷射升压过程实验研究[J]. 工程热物理学报，2004，25(s1)：63-66.

[65] 李文军，李波，严俊杰，等. 环周进汽型超音速汽液两相流升压装置的实验研究[J]. 工程热物理学报，2011，32(5)：783-786.

[66] Li WJ, Chong DT, Yan JJ, et al. Experimental study on performance of steam-water injector with central water nozzle arrangement[J]. Korean Journal of Chemical Engineering, 2014, 31(9)：1539-1546.

[67] Vincent PM, Abdelouhab AD. A Note：A Model of Steam Injector Performance[J]. Chemical Engineering Communication, 1990, 95：107-119.

[68] Anand G. Phenomenological and Mathematical Modeling of a High Pressure Steam Driven Jet Injector[D]. USA：The Ohio State University, 1993.

[69] Startor RF. A Theoretical Model of Supersonic Steam Nozzle Behavior[D]. USA：The Ohio State University, 1996.

[70] Aybar HS, Beithou N. Passive Core Injection System with Steam Driven Jet Pump for Next Generation Nuclear Reactors[J]. Annals of Nuclear Energy, 1999, 26：769-781.

[71] Beithou n, Aybar HS. A mathematical model for steam-driven jet pump[J]. International Journal of Multiphase Flow, 2000, 26：1609-1619.

[72] Beithou N, Aybar HS. High-pressure Steam-driven Jet Pump-Part I：Mathematical Modeling[J]. Journal of Engineering for Gas Turbines and Power, 2001, 123：693-700.

[73] Beithou N, Aybar H S. High-pressure Steam-driven Jet Pump-Part II：Parametric Analysis[J]. Journal of Engineering for Gas Turbines and Power, 2001, 123：701-706.

[74] 沈胜强，李素芬，夏远景. 喷射式热泵的设计计算与性能分析[J]. 大连理工大学学报，1998，38(5)：558-561.

[75] 张博，沈胜强，李海军，等. 二维流动模型的喷射器性能分析研究[J]. 热科学与技术，

2003, 2(2): 149-153.

[76] 张博, 沈胜强, 李海军. 二维流动模型用于喷射器关键结构设计分析[J]. 大连理工大学学报, 2004, 44(3): 388-391.

[77] 李海军, 沈胜强, 张博, 等. 蒸汽喷射器流动参数与性能的数值分析[J]. 热科学与技术, 2005, 4(1): 52-57.

[78] 李海军, 沈胜强. 使用量纲一参数进行喷射器性能分析[J]. 大连理工大学学报, 2007, 47(1): 26-29.

[79] Zeng DL. Sound velocity in Vapor–Liquid two–phase Medium[C]. Proceedings of the International Symposium on Multi-phase Flow and Heat Transfer, Xi'an, China, 1989.

[80] Zeng DL, Zhao LJ, Xiao Y. Sound velocity in two-phase fluid system[C]. Proceedings of the International Conference on Energy Conversion and Application, Wuhan, China, 2001.

[81] 潘磊. 两相流动的几何拓扑分析及其应用[D]. 重庆: 重庆大学, 1989.

[82] 肖艳, 曾丹苓. 汽液两相介质中的音速分析[J]. 福建师范大学学报: 自然科学版, 2002, 18(3): 42-45.

[83] Zhao LJ, Zeng DL, Xiao Y, et al. The Change of the Compressibility and Sonic Velocity of a Two-Phase Mixture along a Convergent Channel[C]. Heat Transfer Science and Technology, Beijing, China, 2000.

[84] 赵良举, 曾丹苓, 袁鹏, 等. 汽液两相混合物的加速与激波的热力学分析[J]. 工程热物理学报, 2001, 22(3): 284-286.

[85] Zhao LJ, Xiao Y, Zeng DL. A comparison of shock wave between perfect gas and two-phase mixture[C]. Proceedings of the International Conference on Energy Conversion and Application, Wuhan, China, 2001.

[86] 赵良举, 曾丹苓. 两相流超音速流动、激波及其应用研究[J]. 热能动力工程, 2002, 17(4): 332-335.

[87] 李刚, 袁益超, 刘聿拯, 等. 考虑进水温度的蒸汽喷射泵一维理论模型[J]. 动力工程, 2008, 28(4): 565-568.

[88] 李刚, 袁益超, 刘聿拯. 升压汽水喷射器用于600MW机组起动系统的方案分析[J]. 热力发电, 2009, 38(4): 61-64.

[89] 李文军, 何仰鹏, 种道彤, 等. 环周进汽型超声速汽液两相流升压装置性能计算分析[J]. 工程热物理学报, 2013, 34(1): 83-86.

[90] 刘继平, 严俊杰, 林万超, 等. 饱和蒸汽在高速过冷水射流外凝结换热的数值模拟[J]. 西安交通大学学报, 2001, 35(5): 490-493.

[91] Chen JY, Havtun H, Palm B. Parametric analysis of ejector working characteristics in the refrigeration system[J]. Applied Thermal Engineering, 2014, 69: 130-142.

[92] Trela M, Kwidzinski R, Butrymowicz D. Exergy Analysis of Losses in a Two-phase Steam-water Injector[J]. Chemical and Process Engineering, 2008, 29: 453-464.

[93] Trela M, Kwidzinski R, Butrymowicz D, et al. Exergy analysis of two-phase steam-water injector[J]. Applied Thermal Engineering, 2010, 30: 340-346.

［94］ 王菲，沈胜强．新型太阳能双喷射制冷系统的可用能效率分析［J］．化工学报，2009，60（3）：553-559.

［95］ Wang F, Shen SQ. A novel solar bi-ejector refrigeration system and the performance of the added injector with different structures and operation parameters［J］. Solar Energy, 2009, 83: 2186-2194.

［96］ Cai Q, Tong M W, Bai X J. Exergy analysis of two-stage steam-water jet injector［J］. Korean Journal of Chemical Engineering, 2012, 29(4): 513-518.

［97］ Yan JJ, Chong DT, Wu XZ, Effect of swirling vanes on performance of steam-water jet injector［J］. Applied Thermal Engineering, 2010, 30: 623-630.

［98］ Li WJ, Liu M, Yan JJ, et al. Exergy analysis of centered water nozzle steam-water injector［J］. Experimental Thermal and Fluid Science, 2018, 94: 77-88.

［99］ Tamir A, Rachmilev I. Direct contact condensation of an immiscible vapor on a thin film of water［J］. International Journal of Heat and Mass Transfer, 1974, 17(10): 1241-1251.

［100］ Finkelstein Y, Tamir, A. Interfacial heat transfer coefficients of various vapors in direct contact condensation［J］. Chemical Engineering Journal and the Biochemical Engineering Journal, 1976, 12(3): 199-209.

［101］ Brucker GG, Sparrow EM. Direct contact condensation of steam bubbles in water at high pressure［J］. International Journal of Heat and Mass Transfer, 1977, 20(4): 371-381.

［102］ Lekic A, Ford JD. Direct contact condensation of vapour on a spray of subcooled liquid droplets［J］. International Journal of Heat and Mass Transfer, 1980, 23(11): 1531-1537.

［103］ Celata GP, Cumo M, Farello GE, et al. Direct contact condensation of steam on slowly moving water［J］. Nuclear Engineering and Design, 1986, 96(1): 21-31.

［104］ Celata GP, Cumo M, Farello GE, et al. A theoretical model of direct contact condensation on a horizontal surface［J］. International Journal of Heat and Mass Transfer, 1987, 30(3): 459-467.

［105］ Celata GP, Cumo M, Farello GE, et al. Direct contact condensation of superheated steam on water［J］. International Journal of Heat and Mass Transfer, 1987, 30(3): 449-458.

［106］ Celata GP, Cumo M, Farello GE, et al. A comprehensive analysis of direct contact condensation of saturated steam on subcooled liquid jets［J］. International Journal of Heat and Mass Transfer, 1989, 32(4): 639-654.

［107］ Jeje A, Asante B, Ross B. Steam bubbling regimes and direct contact condensation heat transfer in highly subcooled water［J］. Chemical Engineering Science, 1990, 45(3): 639-650.

［108］ Aya I, Nariai H. Evaluation of heat-transfer coefficient at direct-contact condensation of cold water and steam［J］. Nuclear Engineering and Design, 1991, 131(1): 17-24.

［109］ Hughes ED, Duffey RB. Direct contact condensation and momentum transfer in turbulent separated flows［J］. International Journal of Multiphase Flow, 1991, 17(5): 599-619.

［110］ Murata A, Hihara F, Saito T. Prediction of heat transfer by direct contact condensation at a steam-subcooled water interface[J]. International Journal of Heat and Mass Transfer, 1992, 35(1): 101-109.

[111] Kar S, Chen XD, Nelson MI. Direct-contact heat transfer coefficient for condensing vapour bubble in stagnant liquid pool[J]. Chemical Engineering Research and Design, 2007, 85 (A3): 320-328.

[112] Park HS, Choi SW, No HC. Direct-contact condensation of pure steam on co-current and counter-current stratified liquid flow in a circular pipe[J]. International Journal of Heat and Mass Transfer, 2009, 52(5-6): 1112-1122.

[113] Trofimov LI. An investigation of heat transfer in direct-contact condensers[J]. Thermal Engineering, 2004, 51(3): 216-222.

[114] Srbislav BG. Direct-contact condensation heat transfer on downcommerless trays for steam-water system[J]. International Journal of Heat and Mass Transfer, 2006, 49(7-8): 1225-1230.

[115] Chan TS, Yuen MC. The effect of air on condensation of stratified horizontal cocurrent steam water flow[J]. Journal of Heat Transfer, Transactions of the ASME, 1990, 112: 1092-1095.

[116] Karapantsios TD, Kostoglou M, Karabelas. Local condensation rates of steam-air mixtures in direct contact with a falling liquid film[J]. International Journal of Heat and Mass Transfer, 1995, 38(5): 779-794.

[117] Choi K Y, Kim S J, No H C, et al. Assessment and improvement of condensation models in RELAP5MOD3.2[J]. Nuclear Technology, 1998, 124(2): 103-117.

[118] Choi K Y, Chung H J, No H C. Direct contact condensation heat transfer model in RELAP5 MOD3.2 with without noncondensable gases for horizontally stratified flow[J]. Nuclear Engineering and Design, 2002, 211(2-3): 139-151.

[119] Kim H, Bankoff S. Local heat transfer coefficients for condensation in stratified countercurrent steam-water flow[J]. Journal of Heat Transfer, Transactions of the ASME, 105: 706-712.

[120] Mikielewicz J, Trela M, Ihnatowicz E. A theoretical and experimental investigation of direct-contact condensation on a liquid layer[J]. Experimental Thermal and Fluid Science, 1997, 15 (3): 221-227.

[121] Trofimov LI. Experimental study of heat transfer on vapor condensation on upward water jets [J]. Theoretical Foundations of chemical engineering, 2006, 40(3): 311-318.

[122] Lee KY, Kim MH. Experimental and empirical study of steam condensation heat transfer with a noncondensable gas in a small-diameter vertical tube[J]. Nuclear Engineering and Design, 2008, 238(1): 207-216.

[123] 李爂宁, 彭云康, 童明伟, 等. 全压堆芯补水箱内饱和蒸汽凝结特性分析及数值模拟 [J]. 核动力工程, 2001, 22(4): 331-335.

[124] 李爂宁, 彭云康, 童明伟, 等. 饱和蒸汽在过冷液面凝结特性的实验研究[J]. 核动力工程, 2003, 24(6): 531-534.

[125] 赵剑刚, 童明伟, 李爂宁. 饱和蒸汽在过冷液面瞬态凝结可视化实验[J]. 重庆大学学

报：自然科学版，2005，28（1）：56-59.

[126] 李夔宁，刘玉东，童明伟. 蒸汽喷入过冷液面接触冷凝实验研究[J]. 工程热物理学报，2007，28（6）：977-979.

[127] Chan CK, Lee CKB. A regime map for direct contact condensation[J]. International Journal of Multiphase Flow, 1982, 8(1)：11-20.

[128] Simpson ME, Chan CK. Hydrodynamics of a subsonic vapor jet in subcooled liquid[J]. Journal of Heat Transfer, Transactions of the ASME, 1982, 104(2)：271-278.

[129] Chun MH, Kim YS, Park JW. An investigation of direct condensation of steam jet in subcooled water[J]. International Communications in Heat and Mass Transfer, 1996, 23(7)：947-958.

[130] Kim HY, Bae YY, Song CH, et al. Experimental study on stable steam condensation in a quenching tank[J]. International Journal of Energy Research, 2001, 25(3)：239-252.

[131] Ju SH, No HC, Mayinger F. Measurement of heat transfer coefficients for direct contact condensation in core makeup tanks using holographic interferometer[J]. Nuclear Engineering and Design, 2000, 199(1-2)：75-83.

[132] 武心壮. 蒸汽浸没射流流动和凝结换热特性研究[D]. 西安：西安交通大学，2010.

[133] Chong DT, Zhao QB, Fang Y, et al. Research on the steam jet length with different nozzle structures[J]. Experimental Thermal and Fluid Science, 2015, 64：134-141.

[134] Yang XP, Liu JP, Zong X, et al. Experimental study on the direct contact condensation of the steamjet in subcooled water flow in a rectangular channel：Flow patterns and flow field[J]. International Journal of Heat and Fluid Flow, 2015, 56：172-181.

[135] Zong X, Liu JP, Yang XP, et al. Experimental study on the direct contact condensation of steam jet insubcooled water flow in a rectangular mix chamber[J]. International Journal of Heat and Mass Transfer, 2015, 80：448-457.

[136] Zong X, Liu JP, Yang XP, et al. Experimental study on the stable steam jet in subcooled water flow in a rectangular mix chamber[J]. Experimental Thermal and Fluid Science, 2015, 76：249-257.

[137] Shah A, Chughtai IR, Inayat MH. Numerical simulation of direct-contact condensation from a supersonic steam jet in subcooled water[J]. Chinese Journal of Chemical Engineering, 2010, 18(4)：577-587.

[138] Zhou L, Chong DT, Liu JP et al. Numerical study on flow pattern of sonic steam jet condensed into subcooled water[J]. Annals of Nuclear Energy, 2017, 99：206-215.

[139] Zhou L, Chen WX, Chong DT et al. Numerical investigation on flow characteristic of supersonic steam jet condensed into a water pool[J]. International Journal of Heat and Mass Transfer, 2017, 108：351-361.

[140] 景思睿，张鸣远. 流体力学[M]. 西安：西安交通大学出版社，2001.

[141] Cengel YA, Boles MA. Thermodynamics-An Engineering Approach[M]. NewYork：McGraw Hill Book Company, 2002.

[142] Moffat RJ. Describing the uncertainties in experimental results[J]. Experimental Thermal and Fluid Science, 1988, 1(1): 3-17.

[143] 蔡增基, 龙天渝. 流体力学泵与风机[M]. 北京: 中国建筑工业出版社, 1999.

[144] 傅秦生. 能量系统的热力学分析方法[M]. 西安: 西安交通大学出版社, 2005.

[145] 张瑜. 膨胀波与激波[M]. 北京: 北京大学出版社, 1983, 1-72.

[146] Kerney P J, Faeth G M, Olscn D R. Penetration characteristics of a submerged steam jet [J]. AICHE Journal, 1982, 18(3): 548-553.

[147] Tourniaire B. A heat transfer correlation based on a surface renewal model for molten core concrete interaction study[J]. Nuclear Engineering and Design, 2006, 236(1): 10-18.

[148] Anglart H, Nylund O. CFD application to prediction of void distribution in two-phase bubbly flows in rod bundles[J]. Nuclear Engineering and Design, 1996, 163(1-2): 81-98.

[149] 刘沛清. 自由紊动射流理论[M]. 北京: 北京航空航天大学出版社, 2008.